NEVER THOUGHT THIS
WAS PSYCHOLOGY

万万没想到
这就是心理学

心灵花园◎著

台海出版社

图书在版编目（CIP）数据

万万没想到这就是心理学 / 心灵花园著 . -- 北京：
台海出版社，2016.8
　　ISBN 978-7-5168-1131-3

　　Ⅰ . ①万… Ⅱ . ①心… Ⅲ . ①心理学—通俗读物
Ⅳ . ① B84-49

　　中国版本图书馆 CIP 数据核字 (2016) 第 199881 号

万万没想到这就是心理学

著　　者：心灵花园

责任编辑：王　萍　张振华　　　　　责任印制：蔡　旭

出版发行：台海出版社
地　　址：北京市朝阳区劲松南路 1 号，邮政编码：　100021
电　　话：010 — 64041652（发行，邮购）
传　　真：010 — 84045799（总编室）
网　　址：www.taimeng.org.cn/thcbs/default.htm
E-mail：thcbs@126.com
经　　销：全国各地新华书店
印　　刷：日照梓名印务有限公司
本书如有破损、缺页、装订错误，请与本社联系调换

开　　本：710×1000　　　　1/16
字　　数：186 千　　　　　　印　　张：14
版　　次：2016 年 10 月第 1 版　　印　　次：2016 年 10 月第 1 次印刷
书　　号：978-7-5168-1131-3

定　　价：36.00 元

前　言

　　提到心理学，你会想到什么？博学、睿智，一眼就能看穿他人的内心的心理学家，还是流传于网络上的、娱乐色彩十足的各种心理测试？满是专业术语的心理学著作，还是形形色色、真真假假的心理学通俗读物？事实上，**两者都无法代表真实的、完整的心理学**。本书向读者展示的是心理学的另一面，它是专业的，又是趣味十足的，它是通俗的，但不是娱乐化的、庸俗的。

　　在"奇葩心理实验"里，你会看到心理学家装疯卖傻，挑战精神病医生；在以假乱真的虚拟监狱里，心理学家成功地释放出每个人内心深处的"魔鬼"；在一个上下左右颠倒的世界里，还有办法活吗？心理学家以亲身经历告诉我们，没关系，要不了多久就习惯了。

　　心理学家和他们做的实验一样有趣，玩世不恭、喜欢搞恶作剧的斯金纳，因为师生恋被逐出心理学界的华生，一往情深的弗洛伊德，用个空鸟笼设计了朋友的詹姆斯……

生活中司空见惯的事情以心理学的视角去看的话，总是别有一番意味。我们为什么喜欢靠窗坐？我们为什么能在人声鼎沸中清楚地听到自己的名字？为了证明自己努力工作而牺牲睡眠真的可取吗？

心理学的研究常常会颠覆我们自以为是的常识。真的是"日有所思夜有所梦"吗？真的会"撞鬼"吗？我们是因为开心所以笑，还是因为笑所以开心？

翻开这本书，走进一个奇妙的心理学世界。

目　录

第一章　奇葩的心理实验

道德和真理之间的争论一直都在，就像道德和法律之间的争论一样。尽管人类社会设计出法律、法庭、立法院等机构，发明了民主政治，但是道德上的两难问题一直都在，有时候，道德上的冲突要比真理之间的冲突更激烈。

第二章　有趣的心理学家

华生最著名、最有影响力的一句话就是："请给我一打健康而没有缺陷的婴儿，让我在我的特殊世界中教养，那么我可以担保，在这十几个婴儿之中，我随便拿出一个来，都可以训练他成为任何一种专家——无论他的能力、嗜好、趋向、才能、职业及种族是怎样的，我都能够训练他成为一个医生，或一个律师，或一个艺术家，或一个商界首领，或者甚至也可以训练他成为一个乞丐或窃贼。"今天，这句话已经成为环境决定论的"专业用语"。

第三章　生活中的心理学

根据一项最新的调查，某些职业人群睡不好觉是常有的事，比如媒体从业者，他们的常态是带着一双惺忪睡眼迎接黎明。中国睡眠质量最好的职业是什么呢？教师和公务员。在一项8000多人参与的调查中，要求各行各业的人按照100分给自己的睡眠质量评分，结果教师的平均得分是62.6，公务员的平均得分是62.5，分列睡眠最佳职业前两位，媒体从业人员的睡眠质量最差，排在最后一名，比媒体人员稍好一点的是医务人员、小企业主和广告从业者。

第四章　颠覆常识的心理学

人们津津乐道地讨论着有关鬼怪的故事、传说，甚至包括自己的亲身经历，然而，科学界对鬼魂的存在一直有争议，并不能说鬼魂真的存在，只是当时的科学难以对所有的超自然现象给出合理的解释。后来，一些心理学家尝试从物理学机制和心理学暗示方面找到突破点，结果发现，所谓的撞鬼不过是人类在自己吓自己。

第五章　两性间的心理学

瑞士心理学家荣格曾经说过，人类天生具有两个最基本的原始模型——"阿尼玛"和"阿尼姆斯"。"阿尼玛"是男性身体中的女性特征，"阿尼姆斯"是女性身体中的男性特征。每个男性或女性身上都有潜在的女、男本质作为无意识的补偿因素。因此，每个人身上都有异性气质存在，人的情感与心态也兼具两性倾向。

第六章　家庭中的心理学

　　家庭系统排列的创始人海灵格发现，发生在人身上的种种问题，无论是情绪上的焦虑、抑郁、愤怒、内疚、孤独，还是行为上的酗酒、吸毒、自杀、犯罪，都能够在家庭中找到根本原因。也就是说，生活中的很多人无意识地承袭了家庭中其他成员的生活模式，在生活中采用共同受苦、共同负罪的方式，表达着自己对家庭的忠诚。这虽然是一种爱的表现，同时也是盲目的、不理智的。这种承袭关系让一代人的痛苦延续在家族之中，使得家族中的后人时刻受到过去经历的纠缠，甚至还会将这一形式继续"传染"给下一代人，让更多的人生活在痛苦之中。

第七章　心理学润色生活

　　心理学研究表明：不同颜色的饰品、服饰、美食，甚至由不同颜色基调装修的房子，都会带给人明显不同的情绪体验。鲜明、活泼的颜色能使人心情愉快，清新的颜色有缓和紧张、镇静情绪的作用。人的视觉在适宜的颜色下，会产生愉悦心情以及滋养心气的效果，还会使人的心理困扰在不知不觉中消除释放。

第八章　心理学探索自我

一个社会人往往具有多层次的心理成分，包括才智、情绪、价值观、个人习惯等。这些因素看似彼此毫不相干，却不是那么简单地孤立存在。在完整的人格结构中，这些因素互相联系，构成了一个固定的组合模式，在人的一生中，这种组合在不同的时间、不同的情境下能够保持行为的一致性，于是成为一个人的人格特质。

第一章
奇葩的心理实验

　　道德和真理之间的争论一直都在，就像道德和法律之间的争论一样。尽管人类社会设计出法律、法庭、立法院等机构，发明了民主政治，但是道德上的两难问题一直都在，有时候，道德上的冲突要比真理之间的冲突更激烈。

可怜的小阿尔伯特

吉克是一个身患心脏病的年轻小伙。天生的虚弱体质造就他思维敏感、行事小心的谨慎性格。因为他的心脏非常脆弱,即使轻微的惊吓和恐怖的叫声都会让他呼吸急促,甚至昏厥。上个星期,他无法抵抗内心中惧怕的一些刺激,因为情绪过度紧张导致昏厥而再次住进了医院。

主治医师在为他做过检查之后,未发现任何器质性的异常——他的心脏很正常,虽然它有些脆弱。于是,主治医师找来精神科的好友张医生和吉克聊聊,看看他的病情发作是否属于心因性问题。张医生以代班医生的名义走进了吉克的病房,此时他的母亲已经回家准备晚饭,病房里只有吉克一个人。

张医生介绍过自己后,便坐下和吉克攀谈起来。张医生问了一些基本的问题后,觉得吉克好像对童年时的经历刻意回避。于是,张医生问吉克说:"你在小学里最好的朋友叫什么名字?"

"肖帅吧,还是袁帅,我记不清楚了。"

"那你和他之间做过最有趣的一件事是什么呢?"

"其实,我们不是最好的朋友,只是在学校的时候有接触,平时来往不多。"吉克显得有些紧张,呼吸开始急促起来。

"那你和其他的同学呢?关系怎么样?"

张医生话音刚落，吉克的妈妈进来了。她是一个热情的女子，非常紧张吉克的病情，对治疗吉克的几位医生也特别客气。此时她突然问道："你是什么人，找我儿子干什么？"张医生刚要解释，却发现吉克的面孔涨红起来，想要说话却憋在嘴里说不出来。当张医生正要表明自己的身份时，吉克已经昏厥了过去。

张医生后来与吉克的妈妈深谈了一次，才找到吉克发病的原因。原来，吉克的妈妈一直都非常紧张儿子的病，当他上小学的时候，她就始终留心着吉克身边的朋友，生怕他们伤害到自己的儿子。有几次，吉克带着朋友回家玩，都被妈妈勒令制止。妈妈还详细地盘问吉克朋友的家庭住址、父母状况等，并且警告他们不要伤害吉克。每次妈妈对自己的朋友高声询问的时候，吉克都会感到心脏不舒服，情绪激动的时候甚至会突然昏厥。从此，吉克渐渐失去了身边的朋友，而且甚少提及和同学交往的话题。当他长大成人后，只要涉及关于朋友的问题，吉克就会表现得情绪紧张，严重时还会突然发病。

当一位身在 20 世纪初的心理学家看到这个案例时，一定会按照弗洛伊德的精神分析研究来分析吉克的病症，将他的行为反应归结于无意识的本能和童年期压抑的内心冲突。然而，到了 20 世纪 20 年代，当时的心理学家却更愿意使用消除条件反射的方法来解决吉克的问题，因为那时的心理学家更相信人的情绪反应是习得的，是学习和条件反射的产物。

"给我一打健全的婴儿和可以培养他们的特殊世界，我就可以保证，对随机选出的任何一名婴儿，我都可以把他训练成为任何类型的人物，如医生、律师、艺术家和商界领袖，或者乞丐和小偷。"这段话曾经是华生最具有革命性的宣言，标志着行为主义学派的诞生。他这段话的论据正是来自一个叫做"情绪化的小阿尔伯特"的实验。

当时，作为被试的小阿尔伯特是一个只有 9 个月大的婴儿。他是一个孤儿，从出生起，他就一直待在医院里，医生和护士都认为他是一个在心理上和生理上都非常健康的孩子。

为了了解小阿尔伯特是否天生惧怕某种刺激，华生选择了小白鼠、猴子、狗、有头发的玩具和羊绒棉等，结果小阿尔伯特对这些物品都非常感兴趣，愿意接触它们、触碰它们，看不出丝毫的恐惧。因此，这些物品对于小阿尔伯特来说，就成了"中性刺激"。

下一步，华生要了解小阿尔伯特是否会对巨大的声响产生恐惧。因为所有人，尤其是婴儿都会对巨大的声响产生恐惧。这种恐惧可以说是天生的，不需要通过学习就会出现的反应。结果证明，小阿尔伯特被突然出现的声音吓到了，他开始大声地哭泣。

当华生找到了一个中性刺激——毛绒物品，和一个无条件刺激——对巨大声响的恐惧后，他准备建立小阿尔伯特对毛绒物品做出恐惧反应的条件反射。实验开始后，华生把小白鼠拿到阿尔伯特面前，当小阿尔伯特对小白鼠感到好奇，伸手去触摸他时，巨大的锣声在他的耳边响起。小阿尔伯特因为对声音的恐惧而开始哭泣。当这个组合"小白鼠——响声——哭泣"重复几次之后，再将小白鼠单独呈现给小阿尔伯特，你一定已经猜到结果了：小阿尔伯特对小白鼠产生了恐惧，他开始号啕大哭，并且试图远离小白鼠，逃到安全的地方去。

运用条件反射的原理，我们还可以这样分析故事中的吉克。当他年幼的时候，有关朋友的事情都是开心的、令人愉悦的，可是每次妈妈出现后不是警告就是怒吼，使得吉克心情糟糕、血压升高、情绪紧张，甚至心脏病发作。每次交朋友的时候，妈妈都是这样的反应，最后使得吉克对童年期的朋友形成了条件反射，即"朋友——妈妈的警告——情绪反应"。

其实，人们的很多行为都是后天经过条件反射形成的，但是这些条件反射当中，有的是有利于心理发展的，有的则会给人们的心理和行为上造成一定的影响。比如听到一首老歌，你会感到忧伤落泪；春天来了你会感到愉快；求职面试会让你感到紧张；在众人面前演讲则被你看做是一件备受煎熬的事……

在小阿尔伯特的实验中，小阿尔伯特则完全成为这次实验的受害者。根据心理研究的道德标准，华生的做法是严重违背心理学家的道德操守的，而在他做实验的时候，完善的伦理道德标准尚未形成。

后来，华生曾经试图通过解除条件反射的方法让小阿尔伯特摆脱对毛绒物品的恐惧，可惜那个时候他已经被人领养，离开了医院。我们可以想象，小阿尔伯特将一直受到这种恐惧的困扰。当他5岁的时候，如果有人送给他一个维尼熊玩偶当做生日礼物，他可能瞬间由高兴转为大哭，在场的人包括他自己却完全不知道原因。当这个孩子长成了大人，他可能一辈子都不理解自己为什么会害怕毛绒物品，却需要时刻忍受着因为这种恐惧带来的煎熬。

以假乱真的"监狱实验"

2012 年 2 月 1 日凌晨，一场震惊世界的足坛惨案发生在埃及东部的塞得港。比赛双方球迷之间发生大规模暴力冲突，导致数十人死亡，千余人受伤。

事情的起因是塞得港的埃及人队因足球骚乱事件被禁赛 2 年。不满禁赛决定的埃及人队球迷在苏伊士运河当局大楼附近向警察投掷石块，随后警方朝天鸣枪，并使用催泪弹试图驱散人群，双方爆发冲突。骚乱中，一名 13 岁的小球迷被橡皮子弹击中背部，并吸入了大量催泪弹烟雾，在医院不治身亡。

无独有偶，当天在开罗国际体育场举行的另外一场比赛中也出现了骚乱，开罗国际体育场被球迷用火点燃。

2012 年 11 月 7 日，欧冠的赛场上，在巴黎圣日耳曼队以 4 : 0 的比分抢足风头之前，巴黎市内爆发的球迷冲突却让这场比赛显得有些失色。赛前，巴黎市政府出于安全因素考虑，拒绝了大批球迷购买本场比赛的门票，导致球迷在场外集结，酿成了最后的暴力冲突。这次冲突至少导致 2 人受伤，并有 28 人被捕。

打开新闻网页，世界各地的暴力事件此起彼伏。我们不禁诧异，一场单纯的体育比赛为何会衍生出暴力冲突事件，一群抱着娱乐目的的球迷为何最终成为疯狂的施暴者？在解释其中原因之前，我们先来了解一下津巴多的"监狱实验"。

美国著名的心理学家菲利普·津巴多教授为了研究造成人类"去个性化"的外界环境，做了一个著名的"监狱实验"。这个实验给社会心理学诸多启示，但也因为实验中的不人道因素而备受指责。

津巴多教授从70多名应征者中筛选出24名心智健全的大学生作为实验对象。他们自愿接受实验中的所有要求，为此他们每天可以获得15美金的报酬。24名被试被分成两组，分别扮演监狱看守和服刑犯人。实验者将斯坦福大学的地下室进行了改造和装修，将其中的所有细节还原为真实的监狱效果。

实验者给"服刑人员"编上了号码，犯人彼此之间不能称呼原来的姓名，只能用编号进行称呼。他还要求"服刑犯人"带上沉重的脚镣，在头上套上尼龙丝袜，以此带给他们压抑感，并且警告他们不要忘记自己的"囚犯"身份。比起"犯人"，扮演狱警的被试似乎更幸运、更轻松一些。他们随身佩带警棍，还可以随意制定监狱的规则。当然，前提是不可以对"犯人"造成严重的伤害。

实验的第一天过去后，无论是扮演犯人的被试还是扮演狱警的被试都没有进入角色。随着实验的慢慢进行，被试则开始认同自己的角色，并且出现了真实的"监狱"行为。

压抑的环境让"犯人"和"狱警"之间爆发了冲突。"犯人们"撕毁了身上的号码牌，扔掉了头上的尼龙丝袜，并且用床顶住门不让"狱警"进入他们的房间。与此同时，"狱警"也采取了强硬的态度。他们用灭火器喷射进行攻击的"犯人"，命令他们脱下衣服，并侮辱"犯人"。

随后，"狱警"不断变换着方式来规范"犯人"的行为，不同的"犯人"身上也开始出现了异常的行为。有的"犯人"开始出现情绪问题，如胡思乱想、哭喊、乱发脾气等，有的"犯人"曾经想过将实验中的丑闻爆料给媒体，不过他最终选择了享受在"犯人"中建立自己的威信。有一位"犯人"在谈话中出现了歇斯底里的现象，原因是其他"犯人"经常羞辱他、欺负他，当实验者询问他是否要退出实验时，他说："不，我要回去证明自己不是一个孬种。"

可以想象，整个实验已经朝着一个不可控的方向发展。实验进行到第5天时，有的学生家长开始通过律师要求释放他们的孩子"出狱"，津巴多教授则极力解释这不过是一个实验，并不会涉及法律问题。其实，当时的津巴多教授也已经进入了角色，完全不能自拔。后来，在他女友的极力劝说下，津巴多才同意了停止实验，释放"监狱"里所有的被试。于是，这个原本计划耗时两周的实验只进行到第6天便宣布结束。虽然大部分扮演看守的学生感到有些意犹未尽，但由此引发的心理学讨论已经甚嚣尘上了。

津巴多的实验虽然只有短短的6天，却深刻地揭示了一个个体是如何在环境的影响下隐秘身份、改变态度的原因。一个善良的学生会在短短几天时间内变成一个暴力的"狱警"，一个与人为善的守法公民竟然会以侮辱他人为乐。这不禁让我们联想到纳粹的屠杀、日本人的暴行和美军虐囚的丑恶行为。

或许，每个普通人的内心深处，都隐藏着邪恶、黑暗的一面，战争环境、监狱环境的设置，恰好让那些黑暗面得以爆发。"监狱实验"结果证明这样的说法并不是猜测。从实验者抹去被试的真实身份、要求他们以号码相称开始，已经开始了每个人的"去个性化"。当作为个性存在象征的名字被隐去之后，每个人变成了失去历史的个体，他们将完全按照环境的要求来做出行为。就像战场上的士兵一样，每一个士兵都来自一个家庭，可能家里还有他们深爱的妻子和孩子。可是，当他们来到战场上之后，大环境让他们隐去了各自的历史，上司的强制命令让他们完全依附环境生存。即使面对屠杀平民这样的不道德行为，最开始还可能存在意识上的否定，时间久了，当他们习惯性地将一切责任归因为"战争的需要"或者"不可违背的命令"，普通战士沦为杀人机器也成为必然。

现在，我们可以分析一下球迷的暴力事件。其中最主要的原因就是去个性化。体育比赛的观众和战场上的士兵一样，不过是普通市民，在生活中遵纪守法，他们之所以会瞬间变成暴徒，正是环境提供了犯罪的土壤。

在一个球迷群体中，和那些在监狱中的大学生被试一样，每个人都是匿名的。没有人认识自己，单独的个体行为也不可能被分辨出来，因此一个人可以做出平时绝对不会做的行为，破坏社会道德甚至违反法律。因为他们认为，人群会为自己提供掩护，即使追究责任也不一定找到自己。

另外，群体会将暴力行为的责任分散，降低每个单独个体的负罪感。参与者人人有份，任何人都不必单独为一个群体的行为负责，因此暴力事件中的个人感觉不到道德和法律的压力，从而更加放任自己的行为。

装疯卖傻的心理学家

2013年，广西梧州市藤县一家精神病院的42名精神病患者集体出走，上演了一场中国版的"飞越疯人院"。他们使用暴力离开了医院，第二天，这些人全部被找到，并被带回医院。这样的故事我们已经不觉得稀奇了，不过，精神病院每一次发生状况，都会提醒人们——精神病治疗有一段黑暗的历史，且需要一个光明的未来。

中世纪以来，精神病人被认为是恶魔附身，因此需要将其隔离起来，有时候，人们还会用酷刑和巫术驱走病人身上的"魔鬼"，有的病人则被关进监狱或者被烧死。契诃夫在小说《第六病室》中描写了一个阴森恐怖的精神病院。精神病院的医生因为同情病人，和病人交谈，被上司诊断为精神病，最终被当成病人投入病房，悲惨死去。

英国伯利恒疯人院曾经收治了一位精神病人，名叫那西尼尔·李。李是一位剧作家，医生将他诊断为精神失常者，他被强制送入了疯人院。他经常对他的病友抱怨说，"他们说我疯了，他们说我疯了……他们的人数比我多"。他在伯利恒住了5年后获准出院，可惜，之后再也没有人欣赏他的作品，晚年的李靠酗酒度日，郁郁寡欢，直到去世。虽然医生和他的亲友都认定他精神失常，但李本人一直否认这一说法。

精神病院从诞生那天就处在社会的阴暗角落里，数百年来，不管是东方还是西方，关于精神病院、精神病患者的黑幕被曝光无数，"被精神病"的例子古已有之，且不在少数，在西方的精神病治疗开始采用人性化的方法后，依然出现了"被精神病"的案例。

经过几百年的发展，西方的精神病院已经开始收治各类精神病人，医生对待患者的态度和方式也更加人性化。不过，对于精神病人的鉴定，依然是令人担心的一个领域。精神病人的症状非常复杂，仅仅依靠几个医学院出身的年轻人就能够准确地做出判断吗？心理学家罗森汉对此提出了怀疑。

越战时期，罗森汉发现，他的朋友们大多以精神疾病为借口逃避征兵，他开始设想，伪装精神病很容易吗？正常人也可以轻易被诊断为精神病吗？他带着这一系列疑问设计了一个惊世骇俗的实验，最终，他用实际行动证实了自己的假设。

1973年，罗森汉召集了8个朋友作为实验参与者，为了演得更像，他们事前做足了功课。前往精神病院的前5天，他们不洗澡，不刮胡子，不刷牙，还练习了将药丸藏在舌头下方的方法，医生一离开，他们就可以偷偷把药丸吐掉。他们约定，一旦顺利入院就马上恢复正常。

接下来，包括罗森汉在内的9个人分别前往不同的医院就诊，并且用装疯卖傻的方式顺利地"被精神病"。他们对医生说，自己总是能够听到"砰砰砰"的声音——幻听是精神分裂症的症状之一。结果，9个人都顺利住院，其中8人被诊断为精神分裂症，1人被诊断为躁狂抑郁型精神病。9个人住院时间平均为19天，最长的52天，最短的7天。

罗森汉本人入住的是宾夕法尼亚州的一所公立精神病院，再三询问之下，医生将他引入了治疗室，测量了血压、脉搏、体温之后，医生给罗森汉下的诊断是：偏执型精神分裂症。入院之后，他每天要吃3次药，大多时候，罗森汉用他之前练习的方法吐掉了，偶尔也会吞下去两片。

　　住院期间，罗森汉每日写日记，详细记录住院经历。他的行为被看做精神分裂症导致的偏执行为之一——书写行为。奇怪的是，医生无法判断罗森汉精神是否正常，一位病人却明察秋毫，他偷偷问罗森汉"你的真实身份是记者还是教授？"也有病人认定他是到医院视察的。

　　实验结束后，罗森汉将研究结果发表在《科学》杂志上，顿时引起了心理学家和精神病学界的轰动。虽然大多数人对罗森汉的研究持质疑态度，但至少他提出了一个非常重要的问题：别有用心的人可以轻易操控精神疾病诊断。罗森汉的研究在短时间内让精神病学界陷入尴尬，却引导精神病医院完善精神疾病的诊断，帮助更多人避免了"被精神病"的危险。

世界完全颠倒了

1897 年，美国心理学家乔治·斯特拉顿进行了一个颠倒空间的实验，准确地说，他并没有颠倒物理空间，而是颠倒了人对空间的认知。一个星期内，他戴着一个可以将世界颠倒过来的眼罩生活。斯特拉顿戴的眼罩是一根自制的管子，两端各装有一个凸透镜。他将眼罩固定在右眼上，扣紧，不让光从旁边漏出去，再用不透光的东西遮住左眼。这样一来，他就只能用特殊的右眼看世界了。

第一天，他看到的世界是颠倒的，不仅上下颠倒，而且左右颠倒。也就是说，平常人们看到的上下左右，在斯特拉顿眼中变成了下上右左。他看到的人是脚朝上，头朝下，而且左右互换，他想拿右边的东西，手却伸向了左边，想拿地上的东西，手却伸向了天花板。

这样他根本没办法正常走路，拿东西也非常困难。实在没辙了，他就闭起眼睛，依靠触摸和记忆力行事。3 天之后，他适应了颠倒的世界，行为混乱的现象逐渐减少。第 8 天时，他将触觉、视觉和运动感觉协调起来，基本不会出现混乱了。第 21 天时，他可以轻松自在地走来走去，一点问题都没有了。到实验结束，他感觉那些倒过来的东西是正放着的。

摘下眼镜时，他开始无法适应正常的世界。好几个小时，他在拿东西时都朝反方向伸手。过了一段时间，他才彻底回到正常的世界。斯特拉顿的实验证明，人类的空间知觉有一部分是后天习得的，可以重新学习。

斯特拉顿的发现非常令人惊讶，但是，在 20 世纪初的几十年里，心理学家坚持心理物理法或心理生理法，反对唯心主义，因此没有人重视斯特拉顿的发现，也没有人对通过认知途径研究知觉感兴趣。直到 40 年代，人们才重新发现斯特拉顿的研究，开始采用不同于心理生理法、心理物理法的研究方法。

1951 年，奥地利心理学家依沃·科勒尔进行了类似斯特拉顿的视觉扭曲实验。他要求必须在 50 天里戴着棱镜眼罩生活。这种眼罩能使他们的视野向右偏转 10 度左右，使垂直线稍有弯曲。前几天，被试感觉自己生活的世界非常不稳定，走路和简单的生活行为都非常困难。一个星期后，大部分东西开始井然有序起来，原本颠倒的世界也开始恢复正常了。几个星期后，其中一位被试可以戴着棱镜溜冰了。实验结束后，科勒尔的被试出现了和斯特拉顿一样的情况，感觉方向不明，无法正常走路、做事，没过多久，被试就恢复了正常。

从此之后，一直备受心理学家冷落的错觉研究开始红火起来。到了 50 年代，错觉研究成为热门项目。许多心理学家发明错觉图像，用各种特别的错觉来探索心理对模糊事物的解释。许多著名的错觉图片今天依然被人们使用，比如波林发明的巫婆少女图像。

颠倒空间的实验不仅证明了空间知觉可以后天习得，也证明人的适应能力是非常强的，不管世界是正的还是反的，人都能很快适应。即使一开始有不适应的情况，只要给予足够的时间，就会慢慢习惯了。空间知觉如此，人的思想、观念也是如此。之前无法忍受的观念，时间一久，人们开始能够容忍，到最后，慢慢接受，并且维护这一看上去正常的现象。

让人左右为难的问题

今天的心理学实验，有些只是耍耍花招，骗骗人，对人没有什么伤害，不过并非所有实验都是如此。早期的心理学实验就因为伦理问题招来了许多批评，比如华生用小阿尔伯特做恐惧实验。人们批评、谴责这类实验，是因为它有违道德伦理，而且会对被试造成永久性的伤害。

心理学家艾伦·兰格曾经研究过控制感对人健康的影响，她设计了一个实验。研究人员到敬老院去探望，给每一个老人送一盆植物，告诉一半老人说，你们要负责给植物浇水、施肥，告诉另一半老人说，有专门人员照顾这些植物。18个月后，前一组老人有15%去世了，后一组老人有30%去世了。在实验之前，敬老院的死亡率是25%，也就是说，被分配到前一组，每天负责照顾植物的老人从实验中获益，另一组老人则成了受害者。

与兰格的实验类似，心理学家舒尔茨也做了一个实验。舒尔茨安排学生定期到敬老院探望老人，但是两组学生的探望时间不同。一组由老人决定学生的探望时间，另一组由学生决定。两个月后，前一组老人精神头非常高，心情舒畅，更活跃；后一组老人则显得有些消沉。

很快，实验结束的时间到了，舒尔茨整理一下实验资料，正准备发表成果。几个月后，舒尔茨回访参与实验的老人，结果发现，前一组老人的死亡率明显高于后一组。原因在于，舒尔茨的实验给了老人控制感，实验结束后，这种控制感被剥夺，结果造成对老人更大的伤害。

道德和真理之间的争论一直都在，就像道德和法律之间的争论一样。尽管人类社会设计出法律、法庭、立法院等机构，发明了民主政治，但是道德上的两难问题一直都在，有时候，道德上的冲突要比真理之间的冲突更激烈。

美国儿童发展心理学家为了培养儿童的道德感，设计了许多著名的实验，其中包括"海因茨买药"。海因茨的妻子患上了绝症，海因茨迫切地想要买到帮助妻子治病的良药。小镇上只有一位药剂师发明的新药能够救她，但是，药剂师将药以高于成本价的 10 倍出售，完全超出了海因茨的承受范围。

海因茨找到药剂师，哀求他将药便宜一点卖给他，可是药剂师拒绝了。"如果便宜卖给你，我还能赚什么？"海因茨说："我把我拥有的钱全部给你，请你先把药给我，剩余的钱我再慢慢还给你。"药剂师还是拒绝了他。无奈之下，海因茨深夜潜入药剂师家中，偷走了药。

问题是，海因茨应该偷药吗？用偷窃得来的药来拯救另一个人的生命，这样做到底对不对？在法律和道德之间，总是会出现两难的选择。这时候，就要看人们是依照法律来判断，还是依照道德来判断。

在很多生命危急的时刻，人们常常可以忽略法律，强调道德的重要性。比如一辆拉着重病人的出租车为了尽快赶往医院，一路闯红灯，给交警制造麻烦，因为它是道德的，即使违反了法律，人们也会强调其正义的一面。在海因茨偷药这个问题上，人们也采取了一样的态度。

如果海因茨遵守法律，不偷窃，那么他的妻子将死去。如果他违反法律，偷取药品，结果是妻子得救，偷窃行为的严重程度要低于一个人丧失生命。因此说，海因茨的行为违反了法律，但却是道德的。换一种情境，如果偷窃病人的看病钱，然后去买游戏机，或者大吃大喝，这种行为不仅违法，而且是不道德的。

为了探明人在做出道德判断时，到底基于什么原则，哲学家福特和汤姆森设计了著名的"有轨电车难题"。实验给被试呈现一个场景：假设你早上起来散步，看到一辆失控的有轨电车沿着轨道呼啸疾驰，列车员无力操控，电车丝毫没有减速或者停下来的迹象。

电车前方轨道上有5个人正在维修铁轨，眼看就要葬身铁轨之下。这时候，你站在道岔旁，可以拉动操纵杆，将电车引入另一条岔道，5个人也会幸免于难。不幸的是，在另一条岔道上，有一个工人也在维修铁轨。那么，你是扳动开关，拯救铁轨上的5个人，杀死另一条轨道上的1个人；还是任凭电车继续驰骋，不改变其原定的轨迹，也不改变5个人的不幸命运？

如果这个问题让你难以抉择的话，现在考虑下一个场景。你站在桥上俯瞰着铁轨，看着电车一路向前奔来，马上就要撞到前面的5个人了。现在你有一个阻止电车前进的方法——用一个重物将其阻挡。可是，你身边并没有任何工具，只有不远处站着的一个胖子。你是否愿意将胖子推下去，用牺牲1个人的方式拯救5个人？

从"最多数人的最大幸福"的标准来说，这两个困境是等价的。不过，很多人都会选择在第一个场景中扳动开关，但是不会推第二个场景中的胖子。按理来说，人的生命价值是同等的，1个人的生命和5个人的生命一样珍贵，可是，很多人还是选择拉动操纵杆，用1个人的生命换5个人的生命。在第二个场景中，需要以杀死一个人的方式拯救其他人，很多人退却了。尽管差别如此明显，若要让当事人说出个所以然，他们并不能说出原因，好像一切就应该如此。

格林和他的同事用功能磁共振成像做了一项研究，试图找出人脑中控制情感的区域和控制理性的区域相冲突的迹象，比如面对同类相残问题时，人会选择退缩，还是在计算人命的得失之后，作出功利性的选择？

格林发现，人在面临需要亲手处理的两难困境时，大脑中涉及对他人感情的部分，如脑前叶的中央延伸部分、前叶的背外侧部分、前扣带皮层部分会被激活。当人们面对不需要亲自插手的困境时，比如将轨道扳到只有1个工人的岔路上，涉及理性计算的部分被激活。此外，前叶受损的神经症患者感情比较迟钝，面对两难困境时，比较倾向从功利的角度考虑，他们认为，将胖子从桥上推下去是最佳选择。

由此，格林得出结论，通常情况下，人类在处理两难困境时，感情冲动往往会战胜成本效益，即人们不会考虑5条命是否比1条命更珍贵。进化论使得人们反感用粗暴的手段对待无辜的人。人们反对伤害同类，禁止牺牲1个人来挽救多条生命。让住院的病人安乐死，然后将他的器官用来拯救5个需要器官移植的病人，或者将救生艇上多余的人推下去，以避免小艇下沉，这些做法都被认为是不可取的。

人类学家布朗收录了人类具有的共性，其中包括是非观念；同理心；公平公正；权利与义务；禁止杀人、强奸及其他暴力；赔偿过失；赏善罚恶；羞耻心等。这种避免同类相残的心理，也是道德感之一。不过，道德感是否是人类天赋中的一部分，道德感存在于人的基因中吗？

实际上，从儿童时期开始，人性中的道德成分就已经出现。咿呀学语的幼童懂得自发地帮助别人，将玩具分给其他小朋友，安慰不幸的人。心理学家发现，4岁的儿童已经能够按照社会习俗和道德原则做事了，比如，他们知道不能穿着睡衣上学，在学校不能无故打小女生。

人类DNA中是否存在掌管道德的基因片段，目前还未可知。不过，一些道德本性和遗传相关性很大。一对从小被分开抚养的同卵双胞胎表现出同样的道德品质，比如认真负责，诚实守信。而那些具有反社会人格的人，从小就表现出破坏道德的行为，如虐待动物、撒谎、缺少悔过之心，这些孩子长大后，更容易成为凶徒恶棍。此外，如前文提到的，脑前叶受损的人更容易表现得不负责任，麻木不仁——将胖子推下去而无动于衷。

自欺欺人背后的心理

　　1959 年，社会心理学家费斯廷格和他的同事开始致力于一项研究。他们招募了一批大学生作为被试，让他们做两件非常无聊的工作。首先，将碟子放入一个木桶，洗一下拿出来，然后再放进去，如此反复，持续半个小时。

　　做完这一项，再接着做另一项：在记分板上钉钉子。被试钉下去 48 根钉子后，将每一根钉子按照顺时针方向转 1/4 圈，按逆时针方向转 1/4 圈，将 48 根钉子依次旋转，一个都不能遗漏。被试完成这两项任务后，实验者会告诉他说，这个实验是为了观察人对某项工作是否感兴趣以及兴趣是否会影响工作效率。之后，实验者请求被试说，你现在已经完成了任务，可不可以在出去的时候告诉下一位被试，"这项实验非常有趣"。如果被试答应，会得到 1 美元或者 20 美元的报酬。

　　结果显示，不管是拿到 1 美元的被试，还是拿到 20 美元的被试，都将"这项实验非常有趣"转述给下一个被试。也就是说，不管金钱的诱惑大或者小，被试都选择了说谎，而几乎所有被试都认为，"我虽然对别人说谎了，但我不是那种人"。

　　这就是著名的认知失调实验。所谓认知失调，指的是人们具有两种相互矛盾的态度，当人们根据其中一种态度采取行动时，就会引起心理上的不适或紧张感。费斯廷格的目的就是为了测试，被试是否会受报酬的影响引起认知失调，从而认定无聊的工作也是有趣的。人们通常会认为，拿到20美元的人会比拿到1美元的人容易撒谎，毕竟，在上个世纪50年代，20美元并不是零花钱。

实验的结果超出了费斯廷格的预料。拿到20美元的被试选择撒谎是可以理解的，因为他们受到金钱的诱惑。可是，拿到1美元的被试为什么也选择撒谎呢？他们选择改变认知的方法，从而减轻因撒谎造成的心理焦虑。他们告诉自己说，"这件工作其实也挺有趣的"，这样，撒谎就不算是撒谎了。

这种现象在生活中非常常见，为了支持自己的行为，人们会对同样的信息做不同的解释。当关于某一问题的看法发生冲突时，为了避免冲突，人们会故意忘记和自己的想法相矛盾的观点，记住支持自己的观点。即使在明显不道德的情况下，人们也会迅速调整价值观。

1934年，印度发生了大地震。震后，一些印度心理学家发现，地震地区出现了很多谣言，比如即将发洪水，月食那天还会发生地震，最近会刮龙卷风。更有趣的是，这些谣言并非来自受灾最严重的地方，而是来自损失不大，没有什么伤亡的地方。

费斯廷格分析了这一现象，他用认知失调理论来解释这件事。人们之所以编造各种不靠谱的谣言，是因为他们需要为自己的恐惧找理由。地震之后，民众普遍会产生恐惧之感，受灾并不严重，或者灾区周边地区的人们同样会产生恐惧。灾区的人们有正当的恐惧理由，周边地区的人们同样感到恐惧，但是他们没有正当的理由。如果过几天即将发洪水，或者还会发生地震，他们就可以正常地释放恐惧了。这和非典期间，非北京地区关于非典的传言更强烈是同一个道理。

其实，早在1927年，奥地利心理学家海德就提出了归因理论，来解释社会行为的因果关系。他认为，很多时候，人们不是对实际的刺激产生反应，而是对引起现象的原因产生反应。比如说，妻子突然对丈夫不理不睬，动辄恶语相向，丈夫就会想，"她可能心情不好，或者是自己做了什么对不住她的事"。很显然，丈夫的反应并不是来自引起妻子行为的真正原因，而是来自他自认为正确的、他所理解的原因。

下面是归因研究的一个著名案例。心理学家斯图尔特·华林斯曾经邀请男大学生观察裸体女人的幻灯片，然后要求被试对她们的美丑进行评价。实验之前，华林斯说，观看幻灯片的过程中，他们可以通过耳机听到自己的心跳声。实际上，心跳声是华林斯事先录好的，而且可以操控。在出现某些幻听片时，华林斯会将心跳声调快，在看另一些幻灯片时再调慢。幻灯片放映完毕，被试开始给幻灯片中的女人打分。结果显示，绝大多数被试认为，让他们心跳加快的女人更有吸引力。

认知失调的影响非常强大，却又非常微妙，让人不慎就陷入其中。费斯廷格对人的大脑如何处理这种矛盾非常感兴趣。假设你是那个被试，一开始，被试认为工作非常无聊，半个小时又半个小时已经让人无法忍耐。终于等到任务完成，然后实验者付钱给你并说，你去告诉另外一个人，这项任务很有趣。可是，撒谎是不对的，而且你也不是喜欢撒谎的人。那么，你就面对一个矛盾，作为一个诚实的人，同时要对下一个被试撒谎。

你得到了1美元的报酬，这些钱或许能安慰一下良心，但是分量又少了些。你的大脑在高速旋转，分析情况，处理数据之后，选择认定实验内容很有趣。如此一来，矛盾就解决了。当然，拿到20美元的被试不会经历这样的矛盾。他选择撒谎，纯粹是为了得到20美元的报酬。撒一个小谎，发一笔小财，理由足够充分，因此，和被试对实验本身的感受完全无关。

认知失调理论出现后，很快成为20世纪最有影响力的社会心理学理论。它明确地指出，人们并不是按照自己的态度做出行为，相反，人们会根据行为改变态度，或者，在自己做出行为后，为自己辩解，为行为发生找出正当的理由。

当然，和所有心理学现象一样，认知失调也是有个体差异的。在费斯廷格的认知失调实验中，就有一部分人（虽然是很小一部分）拒绝撒谎，当态度和行为矛盾时，他们拒绝做一个表里不一的人。和给自己的谎言找理由相比，改变行为，坚持做一个言行一致的人更难，因为那会耗费更多的心理能量。

还有另外一种情况。被试忙活了半天，做了一个又一个无聊透顶的实验，结果只拿到 1 美元。被试完全可以得出结论：我被实验者给骗了。这样一来，被试可以将认识失调的责任归在实验者的身上，坚定地认定，这是一个非常无聊的实验。然而，人们通常不会想到这一点，在试验中，没有人做出这样的反应。

认知失调对社会生活最大的作用便是影响决策。举一个最简单的例子，即使一个自称理性的消费者，走进商场之后，也会变得非理性——可以用卡尼曼的前景理论解释非理性的购物行为，因为人的理性本身就是有限的。

夏天马上来临，急需购买这一季需要的服装。你选择了两件衣服，一条飘逸的长裙，一件方便、简单的 T 恤衫。理性分析，整天待在实验室里工作的你，几乎没有机会穿长裙，相比之下，T 恤衫更方便，更实用一些。可是，你最终没能抵御长裙的诱惑，花了大价钱，买了一件不实用的衣服。

很显然，购买长裙的行为不仅违背了你勤俭节约的原则，而且非常不理智，下个星期，你很可能因为需要一件 T 恤衫再购物一次，再次消费。为了化解认识失调带来的心理不适，你会拼命地为裙子找优点，比如，长裙穿起来并没有想象中那么不方便，做实验或许也可以穿；T 恤衫太普通了，那样的衣服我已经有很多了，不需要再多买一件；以前没穿过这种风格的裙子，试一下也未尝不可……凡此种种之后，尽管做了一个非常愚蠢的决定，你最终还是认定，把裙子买回来是值得的。

在费斯廷格发表其著作《当预言失灵》，系统阐述认知失调理论时，美国正被幽浮末日教派预测的世界末日气氛所笼罩。所有教徒都追随着世界末日的预言，就像2012年之前，人们恐惧地球毁灭一样。当末日来临时，什么事情也没有发生，心理学家认为，既然世界末日没有来临，教徒对教派的信任度就会下降。事实却恰恰相反，地球灭亡的预言破灭之后，大多数教徒出现了认知失调，为了缓解认知失调，教徒们选择接受另一个新的预言，而不是断然拒绝宗教预言本身。

如果生活中仅仅是这种不理智的决定还好，证明认知失调并不会造成严重的问题。坏消息是，认知失调会改变人的态度，也会改变人的价值观。社会心理学家阿伦森曾经在他的书中举过一个例子。越战期间，他雇佣了一个年轻人帮他粉刷房子，这个年轻人参加过越战，做事可靠，是个诚实的生意人。粉刷房子期间，阿伦森和他讨论了一下有关越战的话题，结果，年轻人表现出和他的可靠、诚实完全不同的一面。阿伦森认为，美国介入越战，造成了成千上万人丧失生命，包括老人、女人和孩子。年轻人却认为，美国介入越战是正义的，而那些被杀的人根本不是人，是越南人，是东方人渣。

阿伦森疑惑，为什么一个诚实、亲切的人会说出这样冷血无情的话？根据认知失调理论，或许可以这样解释。战场上的杀戮、残害弱者原本和他的善良本性相违背，为了消除罪恶感，他只好让自己相信，他杀的人都罪有应得，都是人渣。阿伦森称其为"憎恨受害者"。

其实，每个人都可能变成阿伦森讨论的那个年轻人。在日常生活中，每个人都认为自己是遵纪守法的好公民，当一些危急的情景出现在眼前时，人们所期待的自己和当下的自己表现并不一致。人们斥责那些不能见义勇为的人，不能当众揭穿小偷的人，当自己面对同样情景时，往往也变成了冷漠的旁观者。这时候就会发现，行为和态度竟然可以大相径庭。

费斯廷格认为，在决策、强迫服从和社会支持 3 种情况下，人会产生认知失调。认知失调往往是决策不可避免的结果，决策就意味着选择，选择就可能产生冲突。决策并不是在绝对好和绝对差之间二选一，而是在各有利弊的情况下选择一个最有利的。于是，选择了 A 方案，就会因为丢掉 B 方案的优势而产生失调，反过来也一样，选择了 B 方案，也会为没法拥有 A 方案的优势而感到遗憾。

在强迫服从的情况下，如惩罚的威胁或奖励的驱动，人会背弃自己的信念，公开做出原本为自己所不齿的行为。费斯廷格的认知失调实验属于这一种，被试在奖励的驱动下选择撒谎。当一个人的社会支持，即他身边的人、他所在的群体、组织和自己意见相反时，也会出现认知失调。

2011 年，日本发生地震和海啸，危及到福岛的核电站，一时间，由于对核辐射的恐惧，国内出现了抢盐风波，这正是强迫服从带来的认知失调。实际上，人们可能并不相信"盐能防辐射"这种观点，实际行动中，他们依然参与到超市的购物大潮中，将一袋袋食盐带回家。抢盐的人做了和自己的观点完全不一致的行为，那么，他们是如何说服自己，以获得心理上的平衡呢？

很重要的一点，即惩罚的威胁造成了人们的认知失调。如果别人都抢，自己不抢，自己和家人可能面临健康的风险。当然，也有的人是因为受到从众的压力，才一起抢盐的。这些人在哄抢食盐之后，向媒体、政府发表不满，希求官方媒体、官方话语能够回应谣言，向公众传达正确的信息，如此，他们才能获得心理上的舒适。

人们总是试着减少认知失调的情况发生。就像饥饿时马上进食，口渴时马上喝水一样，人们希望通过直接的方式来减少失调造成的不舒服。通常情况下，3 种方法能改变认知失调：改变行为，使行为与失调的认知一致；

改变其中一项认知，为行为找到合理的理由；增加新的认知，为行为寻找正当的理由。

在不愿意改变既有行为或认知的情况下，人们会选择增加新的认知，比如为"盐能防辐射"找到更多的反对理由，比如将决策权交给抛硬币，或者干脆将所有难题都交给上帝。既然一切都是由他人决定的，心理上就不会出现不适感。实际上，这也是自我心理安慰的一种方式，即在明知抛硬币或者上帝无法提供任何帮助的前提下，也要将决策权交出去。在硬币抛出去的那一刻，自己的想法并不重要，它只是一种手段，一种消除决策后认知失调的手段。

听起来，认知失调帮助人们逃避错误行为带来的焦虑，是一种掩耳盗铃的隐身术。不过也有人认为，认知失调有助于调解人际关系。如果和你不喜欢的人交朋友，首先给予其帮助。这时，心理学上会经历一次认知失调，因为行为和态度是矛盾的。为了缓解这种失调，就会逐渐看到这个人好的一面，认为他是友好的，值得帮助的。本杰明·富兰克林曾说过，通过向一个不喜爱他的议员借书，他们最终成为了要好的朋友。

除了认知失调之外，人们的决策失误更多的来自非理性，来自对损失的担心。马克思·贝泽曼曾经在课堂上和学生玩过"20美元拍卖"的游戏，他拿出来一张20美元的钞票，然后请同学自由竞价，每次加价1美元，还有一个非常诡异的要求：20美元的钞票最终由最后一名竞价者获得，但是竞拍的第二名必须兑现自己出的价格，尽管他一无所获。

刚开始时，学生都认为，一定会以低于20美元的价钱获得这张钞票。所以，学生们纷纷举手竞拍。一阵竞价高潮过后，价格上升到12美元到16美元之间。这时候，大多数学生变得紧张不安、战战兢兢，并且打算退出竞价，除了竞价最高的第一名和第二名之外。最终，除了竞价最高的两个人，其他人都退出了竞价，于是，最后的两个人陷入了困境。这时候，两个人都希望 20 美元落入自己的手中，不愿成为那个花了钱却一无所得的傻瓜。

于是，两人开始采取消耗战术，不断开出高价，直到出价上升到 18 美元，19 美元，甚至超过了 20 美元。这时候，退出的学生开始观战，最后两个人则希望尽快结束竞价。理性的选择是，出第二高价格的人接受目前的损失，在拍卖过程失控之前停止竞价。然而，谁都不愿意成为那个无辜的傻瓜，于是价格不断上升，损失也变得越来越大。

最后，那张 20 美元的钞票卖出了 204 美元的高价。出第二高价钱的人原本可以在十几美元的阶段结束竞价，挽回损失，结果却付出了比原本高出几倍的代价。多年来，贝泽曼在不同场合重复这个游戏，他从来没有输过。不管是学生、经理、还是学者，没有人能摆脱被控制的结局。

我们为什么"随大流"

从众的现象实在是太普遍了。在熙熙攘攘的街头，如果有 1 个人驻足观看某一幢建筑，接下来就会有人慢慢聚拢来，5 个、10 个甚至更多的人跟着一起抬头看；大街上两个人吵架，本不是什么大事，路过的人驻足观看，就吸引了大批人就近围观，结果人越来越多，连交通都瘫痪了，站在最后面的人都不知道，这不过是稀松平常的一场打架；在一间屋子里，如果只有你感觉冷，其他人都说热，你一定会怀疑，是不是自己搞错了，或者自己正在发烧，才会感觉冷。在你伸手摸额头的瞬间，你的意识已经做出判断——"我有可能会搞错，但一屋子人不会搞错"。

美国作家詹姆斯·瑟伯曾经用一段文字描述从众心理："突然，一个人跑了起来。也许是他猛然想起了与情人的约会，现在已经过时很久了。不管他想些什么吧，反正他在大街上跑了起来，向东跑去。另一个人也跑了起来，这可能是个兴致勃勃的报童。第三个人，一个有急事的胖胖的绅士，也小跑起来……10 分钟之内，这条大街上所有的人都跑了起来。"

对于从众，心理学家也有不同的观点。心理学家戴维·迈尔斯认为，从众是个体在真实的或想象的团体压力下改变行为与信念的倾向，斯蒂芬·弗兰佐则将从众定义为对知觉到的团体压力的一种屈服倾向。尽管对从众的定义描述有差异，实质是基本相同的，即从众是在压力下发生的行为改变。

心理学中，美国著名的社会心理学家谢里夫是最早从事从众行为研究的人。1935年，他发表了自己的研究报告，反驳了高尔顿·奥尔波特关于群体问题的观点——他人在场对一个人完成任务具有促进作用，随着任务难度加大，可能会产生抑制。谢里夫则认为，群体不是个体的简单组合，群体大于个体之和。谢里夫使用的实验方法是"游动错觉"。

游动错觉指的是在一个黑暗的屋子里，当人们盯着一个静止不动的光点时，会感到光点向各个方向移动。实验时，谢里夫将被试分成3个人一组，然后要求其判断光点移动的距离。每一组判断之后，将结果告诉其他组的人。一开始，被试判断上的差异很大，有的人认为光点移动了零点几英寸，有的人则认为移动了七八英寸。

渐渐地，被试们的判断开始趋向一致。到第三个阶段时，所有被试的判断基本上一致，好像冥冥中形成了一个共同的标准。很显然，实验从开始到结束，被试之间形成了一个团体规范，这个规范对每个人都产生了影响，而且是不自觉的影响。实验结束后，谢里夫询问被试，他们在进行判断时是否受到他人影响，所有人都给出了否定的答案。

1951年，社会心理学家所罗门·阿希进行了社会心理学中最经典的从众行为研究，即"阿希实验"。后来，"阿希实验"成为一个心理学专有名词，被收录在心理学词典中。阿希做的也是视觉判断的实验。实验者给被试呈现18组卡片，每组卡片中的第一张都是1条垂直线段，即标准线段，第二张是3条垂直线段，即比较线段。比较线段中，有1条和标准线段一样长，被试的任务就是找出那条线段来。18组卡片的不同在于，标准线段和比较线段的位置在发生变化。

实验者将被试分为7人一组，让7个被试一起围着圆桌子坐下，然后呈现卡片，要求被试作答。第一组卡片，每一位被试根据自己的判断作答，

7个人的判断结果一致，而且都是正确的。第二组卡片依然如此。第三组卡片出现时，坐在第一位的被试给出了一个错误答案，接下来的5位被试依次给出错误答案，到第7位时，他开始有些疑惑，不知道该相信自己的判断，还是跟随他人的意见，最后，他小声说出了自己的答案。呈现第四组卡片时，第7位的答案和前面6位还是不一样，看着前几位被试眼神坚定的样子，他最终放弃了自己的判断，认可了其他人的判断。这时，从众行为产生了。

其实，一切都是安排好的。7人一组的实验，只有第七位是真正的被试，其他人都是实验助手，即所谓的"托儿"，他们的存在就是为了干扰被试的正常判断。他们在前两组卡片呈现时给出正确答案，在第三组卡片呈现时给出错误答案，从而影响第7位被试的反应。阿希在3所大学，共123名大学生中做了这个实验。结果只有1/4的被试拒绝屈从群体意见，其他人都在群体压力下改变了自己的想法，哪怕他的最初想法是对的。

从众来自群体压力。人们总是选择相信一群人，而不是一个人，即使一群人的观点和理所当然的判断完全相反，个体也会随着大流，跟着走。表面上看，从众是一个理性的判断。跟着大多数走，因为人们相信，众人的智慧一定胜过个体的智慧。即使错了，责任是大家的，即责任分散，即使做了错事，也会因为人口基数大而减轻负罪感。

阿希的研究报告发布之时，恰好二战结束，人们正在反思纳粹的暴行。为什么德国军人会那样服从，毫不怀疑地执行上司的命令，残害数以万计的无辜生命。阿希的论文证明，即使人们标榜个性，主张每个人都具有独立的思考和判断力，事实上，独立思考和判断不过是人的理想状态，人们尚不能做出独立的判断，尤其是面对群体压力时，个人的思考和见解都埋没在群体压力当中了。

在阿希实验之后，心理学家们开始研究从众的原因。动物具有明显的从众本能。在动物群体中，一致行动是长期进化的结果，羊群、瞪羚等草食动物集体活动，可以提高种群，尤其是幼崽的生存几率；狮子、鬣狗等集体活动，也会大大增加狩猎成功的几率。可以说，从众行为是具有进化优势的。

从经济学角度来说，从众能够获得一定的报酬或者规避风险。当需要为某一个重要问题做决策时，趋同会规避决策者独自一人承担的风险，为了逃避惩罚，决策者也会与他人趋同，推卸掉自己的责任。

拿单个人来说，自我意识强的人，喜欢按照自己的方式进行判断，不容易做出从众选择；公众意识强的人常常将他人的期望作为行为标准，因此更容易从众。尽管人们希望用从众的方式避免他人的消极评价，有时候，人们也会用拒绝从众来显示自己的与众不同。

对个人行为控制欲望强的人不会从众，当控制自由受到限制时，人们会用拒绝来保持自由。学生团体中比较常见，如几个人告诉 A 不要和某个人交朋友，不喜欢被别人掌控的 A 却偏偏要和这个人来往，通过拒绝，A 保持了自己的自由。此外，社会地位越低的人，越可能从众；对他人或组织的承诺越大，越可能从众；女性的从众倾向比男性高，不过，最新的研究表明，女性只有在要求当面反对对方时会选择从众。

环境因素则包括群体的规模和凝聚力。阿希实验中，实验者通过改变人数来观察从众行为，最开始，随着人数的增加，从众行为也在增加，但是，一旦超过三四个人，人数的增加和从众行为已经没有必然的联系了。当人数达到 15 人时，人数对从众行为的影响和 3 个人差不多。此外，群体凝聚力越大，从众的压力越大，个体更容易放弃自己的意见，跟随大多数人行动。

在一个小团体中，人际关系也是决定从众与否的重要因素。人多就会构成一种压力，在众口一词的情况下，很少有人能够从始至终坚持自己的意见，尤其是那些善于做出优秀判断的人，所谓木秀于林，风必摧之，便是这个道理。做出与众不同行为的个体，不仅会面临被其他成员孤立的处境，还可能遭受背叛和惩罚。

当然，从众行为并不是毫无方向的。就像羊群总是跟着牧羊人一样，人在决定是否从众，从哪一方丛众时，会根据所从之众的权威性做出判断。模仿也是一个因素，就像在人行横道闯红灯的人，只要第一个人迈出了闯红灯的第一步，其他人就陆陆续续跟着。如果所有人都在等，那么又会产生另外一种从众——在共同遵守交通规则的群体压力下，没有人愿意迈出第一步。

"人多力量大？"

人越多的地方越安全吗？好像没有这样的道理。在世界上的大型都市，人越多的地方小偷越多，公交车、地铁、广场上拥挤的人群，都是扒手们梦寐以求的作案地点。此外，一个庞大的人口基数更意味着人群中潜伏着危险的人物，比如蓄意行凶的歹徒、恐怖分子等。当然，人多的地方不安全还有一个因素，不要觉得人多力量大，在人群中发生危险，比如抢劫、被车撞、心脏病突发等不一定会有一大群人赶来相救，不用说什么世风日下，人心不古，单只一项——旁观者效应就足以证明人群的力量是多么薄弱。

1964 年 3 月，在纽约昆士镇的克尤公园发生了一起谋杀案，案件经过《纽约时报》的报道，迅速震惊全美。年轻的酒吧经理吉娣·格罗维斯在凌晨 3 点下班回家。和往常一样，她将车子停在停车场，然后步行走向自己所住的公寓。突然间，格罗维斯注意到一个黑影尾随自己，于是她开始跑，可是背后的男人跑得更快。格罗维斯刚跑到停车场尽头，尾随的男人抓住了她，向她背后猛刺几刀，格罗维斯惨叫一声倒在地上。

听到格罗维斯的惨叫后，路边公寓的灯亮了。公寓的住户都听到了格罗维斯的呼叫，一个法国姑娘透过窗户，看到了一个女人躺在人行横道上，一名男子正在打她。一位男性住户对着凶手喊了一声，"放开那个姑娘"，凶手匆忙跑开了，但是这位男子没有下楼，也没有报警。

格罗维斯挣扎着站起来向公寓走去，没走多远就倒在了地上。这时候，还没有人报警。5 分钟后，逃开的凶手再次回来，见到她身边没有警察和帮手，他重新回到格罗维斯身边，对她实施了强奸后，又捅了她几刀，最后拿走了她钱包里的 49 美元。整个作案过程持续了 35 分钟，公寓许多住户都目击了整件事的发生，可是，直到凶手开着车扬长而去，警察才接到报警电话。

根据事后的调查，公寓住户中，有 38 人看到或听到格罗维斯被刺的情形，还听到了她的呼救声，但是没有一个人下楼帮助她，也没有人及时给警察打电话。《纽约时报》在第二天用头版整版报道了这件事，并且用"异化"和"冷漠"形容那些袖手旁观的纽约人。

社会媒体倾向于认为，由于人心冷漠、人际关系的疏离和扭曲造成了格罗维斯的悲剧时，心理学家开始从另一个角度寻找旁观者无动于衷的原因。年轻的社会心理学家约翰·巴利和比博·拉塔内设计了一个实验。他们招募了 72 名志愿者，要求他们以一对一和四对一两种方式与一位癫痫病患者对话。癫痫病患者是实验助手，他们之间的对话并非面对面进行，而是使用对讲机。交谈过程中，当一位癫痫病患者大呼救命时，志愿者便跑出去报告有人发病。事后统计发现，在一对一对话组，有 85% 的志愿者冲出去呼救；在四对一对话组，只有 31% 的人采取了行动。

这就是旁观者效应的由来。所谓旁观者效应，指的是旁观者在介入紧急事件时，会对事件的发展起抑制作用，旁观者越多，抑制程度越高。正是因为有其他人在场，每一位旁观者都会认为，"别人一定会呼救的"、"别人或许已经打过电话了"，旁观者的冷漠不是因为每一位旁观者都是病态人格，都是冷血、无情的个体，他们在本应该用来求救的时间里观察别人的反应，将求助的责任分摊到了其他旁观者的身上。就像格罗维斯被杀事件中，曾经有一位老人拿起电话准备报警，结果被他的妻子拦下了，

"警察局这会儿肯定接了不下30个电话了"，于是，这唯一一个可能拯救格罗维斯的电话也没有拨出去。

旁观者效应又叫做责任分散效应，对于某一任务来说，如果只有一个人在场，他的责任感就会很强，容易做出积极的反应。如果是群体共同完成任务，同一责任分散到每一个个体身上，责任感就会变弱，每一个个体都希望别人多承担一点责任，于是就造成了人越多，事情越办不好，处在危险中的人越得不到及时的帮助。

兰州曾经发生过两个餐馆员工溺水的事件。两人在黄河边的沙坑里游泳时溺水，其中一人被救上岸，另外一人则沉入坑底。当时，周围有上千人围观，有上前关心、帮忙的人，但更多的人选择默然以对。那些无动于衷的人都在想"这么多人看着，总会有人伸手救人的"，结果每个人都这样想，溺水者就遇难了。

旁观者效应完全可以用来解释发生在佛山的小悦悦事件。小悦悦被汽车多次碾压，18个从她身边经过的路人视而不见，为此，人们不仅发出了人心不古的感慨，或者道德沦丧的谴责，更有人直接得出结论：中国这个社会没救了。

实际上，那18个人不是侠肝义胆的志士，也不是大奸大恶之人，他们不过是很普通的市民而已。这18个人的冷漠和国民劣根性、缺乏信仰、道德败坏没有绝对的关系，在目击车祸的当下，影响他们做出决策的是旁观者效应造成的责任分散，导致所有人都将救人的责任推到了其他人身上。

社会心理学家也分析了旁观者效应产生的原因。其一便是旁观者无法得到准确的信息。比如说有人落水，或者有人遭遇车祸。第一个看到的旁观者很可能伸手帮忙或者呼救，后来的旁观者面对的是模棱两可的情景，并不清楚事情的来龙去脉，于是他们倾向于观察周围人的反应，看看别人会不会出手相助。

另外，旁观者也会对救人行为本身产生担心。关于"扶不扶"的问题就是一大纠结，已经发生太多"好心没好报"的社会事件，人们也开始考虑救人的成本。如果因为好心救人，给自己带来一系列的麻烦，任何人都会首先选择保全自己。此外，大男子主义者会担心自己因为判断失误而出洋相，害自己丢脸，因此不愿意帮忙；非专业人士担心给受害者增加危险，选择等待医生或警察等专业人士出现，自己不伸手。

既然有时候见死不救并非来自人性的堕落，那么，总应该有办法打破旁观者效应，减少由群体责任分散引发的悲剧吧！对于国家来说，将帮助他人列为法律义务是一个可行的途径，加拿大魁北克省便将救人定为义务，除非危急情况对旁观者可能造成危险，或者身边有更专业的人在，否则的话，每个人都有义务救助身处危险中的人。美国个别州的法律规定，如果发现陌生人身处危险，不及时拨打急救电话，将构成轻微疏忽罪。

至于个人，则可以从我做起，成为那个打破旁观者效应的人。懂得旁观者效应的人应该能够预料到，遇到危急情况，旁观者的第一反应是观察他人，推卸责任，这时候，就需要有一个人站出来果断行动，上前救人，或者打电话报警，人群中只要有一个人行动，其他人则会打消推卸责任的念头，参与到救助中去。

如果是你遇到了危险，需要找人帮忙。千万别以为，一大群人会忽地围上来，一起帮你渡过难关。面对一大群看客，首先要做的是找一个焦点，盯着一个人，向他恳求，向他呼救，用各种方式告知对方你需要帮助。关注的力量会促使他感到自己有责任帮你，于是，他就成了那个打破旁观者效应的人，其他人也会陆续前来帮忙。

测测孩子的自控力

20 世纪 60 年代，美国斯坦福大学心理学教授沃尔特·米歇尔设计了一个著名的延迟满足实验——棉花糖测验。为了完善实验的细节，米歇尔首先在自己的女儿身上不断尝试。选择多大的棉花糖，哪种曲奇饼干比较有效果，这些细节都需要仔细考虑，因为他的实验对象是幼儿园里四五岁大的孩子。经过几个月的推敲，米歇尔终于想到了一个可行的方案。

1968 年春天，他在斯坦福大学的比恩幼儿园进行了第一次实验。还没开始，米歇尔就知道自己的设计肯定有效，因为有几个孩子听完规则后就觉得"这个实验太难了"，继而决定退出实验。

实验者从幼儿园里找来数十个儿童，让他们每个人单独待在一个小房间里。房间里有一张桌子和一把椅子。桌子上放有一个托盘，里面放着棉花糖。实验者告诉孩子，"你可以马上吃掉棉花糖，但是，如果你等我回来，就可以得到两颗棉花糖"。此外，孩子也可以按响桌子上的铃，然后把棉花糖吃掉。15 分钟后，实验者会重新回到房间里。

等待的过程是漫长的，对孩子来说，看着眼前好吃的棉花糖而不能动，确实是一种煎熬。为了抵御棉花糖的诱惑，有的孩子捂住眼睛，有的孩子转过身去，有的孩子则做一些踢桌子、拉辫子的小动作，3 分钟后，大多数孩子都坚持不住了，一些孩子甚至没有按铃，偷偷把棉花糖吃掉了。最终有 1/3 的孩子成功抵御了棉花糖的诱惑,差不多 15 分钟之后,实验者重新出现,并且兑现了奖励,他们得到了两颗棉花糖。

由于这个实验延迟了孩子获得满足的时间,因此又被称为延迟满足实验。延迟满足,其实就是忍耐。为了追求更大的目标,获得更大的收益,暂时克制欲望,抵御眼前的诱惑。延迟满足是一种克服当下困境,力求获得长远利益的能力。延迟满足是被抽象推理能力控制的,即时的满足能带来快感,延迟满足则需要自我控制能力。生活中,有的人倾向于将自己喜欢的事放在前面做,等喜欢做的事都做完了,只剩下那些不喜欢做的事,完成工作就变得难上加难了。

用钱钟书的一段话可以准确地形容延迟满足:天下有两种人,一串葡萄到手,一种人挑最好的先吃,另一种人把最好的留在最后吃。照例第一种人应该是乐观的,因为他每吃的一颗都是吃剩下的葡萄里最好的;而第二种人应该是悲观的,因为每吃的一颗都是吃剩下的葡萄里最坏的。不过事实上却适得其反,因为第二种人还有希望,第一种人只有回忆。

20 世纪 70 年代初,米歇尔就棉花糖实验发表了几篇论文,很快,他觉得用小孩子和棉花糖做实验玩不出什么花样,于是将目标转移到其他研究上。一次偶然的机会,米歇尔向他的女儿们打听她们朋友的情况——他的女儿也在比恩幼儿园上学。米歇尔注意到,孩子们的学习成绩好像和他们延迟满足的能力有关。

1981 年,米歇尔重新联系到当年参与实验的儿童,此时他们已经是高中生了。米歇尔给这些孩子的父母、老师发去调查问卷,针对孩子的制订计划、做长期打算的能力,处理问题的能力、同伴关系以及 SAT(美国大学标准入学考试)分数等进行调查。分析了问卷的结果后,米歇尔发现,那些没能抵御棉花糖诱惑的孩子更容易出现行为上的问题,学习成绩较差,难以面对压力和保持与他人的长久友谊。而那些用各种方法等待了

15分钟的孩子在这些方面都要出色许多，他们的SAT成绩要比前者平均高出210分。

这一次，米歇尔没有轻易中断实验。此后，米歇尔和他的同事一直跟踪这些人，直到他们35岁以后。当年那些没有耐心等待的孩子在成年后更容易出现体重超标、吸毒等问题。由于与生活现状相关的问题都是由被试自己回答的，实际情况可能与他们的报告有出入。

追踪那些擅长等待的孩子，其成绩则令人感到欣喜，那些孩提时代就能够抵御欲望的孩子，成年后拥有更多朋友，更受老师欣赏，能更好地管理压力。尽管他们的智商不足以进入顶尖聪明的圈子，他们依然在考试中表现出色。卡罗琳·威茨是擅长等待的孩子之一，她考入了斯坦福大学，在普林斯顿获得社会心理学博士学位，后来在大学里任教。克雷格也是擅长等待的孩子，他在娱乐行业工作，还能编写电影剧本。

一些心理学家认为，孩子等待的能力和他们对棉花糖的渴望程度有关。后来他们发现，所有的孩子都在渴望额外的棉花糖，区别在于他们的控制能力。其实，所有孩子都在渴望第二颗棉花糖，但是有的人坚持住了，有的孩子没有，其中原因如何？那些坚持了15分钟的孩子找到了一个转移注意力的方法。他们不会一直盯着棉花糖，等着时间过去，而是用捂眼睛、捉迷藏、唱歌等方式转移对棉花糖的注意力。那些急不可耐的孩子用了一个本末倒置的方法，他们紧盯着棉花糖，视线一刻也不离开目标，以为这样能够抵御诱惑，结果他们坚持的时间没能超过30秒。

这个棉花糖实验很有预见性。米歇尔的实验没有回答"智商高低是否影响一个人成功与否"，不过，他确定了让智商起作用的重要因素——自控能力。即使是最聪明的孩子，没有自控能力，他也完不成家庭作业。如果孩子能够控制自己的行为，以此获得更多的棉花糖，那么他就可能控制住看电视或者游戏的欲望，尽快完成学习任务。

为了找寻支持"延迟满足受到基因影响"的证据，米歇尔继续以不同的孩子做实验，比如测试来自不同阶级孩子的延迟满足能力。19 个月大的婴儿已经有控制自己的能力了。在一个婴儿延迟满足的实验中，当被抱离妈妈身边时，有的婴儿立刻哇哇大哭，有的婴儿则利用其他方式转移焦虑的情绪，比如玩玩具、做搞怪的表情。米歇尔跟踪了这些婴儿，当他们 5 岁大时，给他们做同样的棉花糖测验，结果显示，当初那些妈妈一离开就哇哇大哭的孩子无法抵抗棉花糖的诱惑。

第二章
有趣的心理学家

华生最著名、最有影响力的一句话就是："请给我一打健康而没有缺陷的婴儿，让我在我的特殊世界中教养，那么我可以担保，在这十几个婴儿之中，我随便拿出一个来，都可以训练他成为任何一种专家——无论他的能力、嗜好、趋向、才能、职业及种族是怎样的，我都能够训练他成为一个医生，或一个律师，或一个艺术家，或一个商界首领，或者甚至也可以训练他成为一个乞丐或窃贼。"今天，这句话已经成为环境决定论的"专业用语"。

斯金纳的恶作剧

学心理学史的人会知道，心理学史家在给历来的心理学家排序时，将科学心理学的创始人冯特排在第一位，然而 1971 年的调查发现，美国心理学家、行为主义者斯金纳是最受美国心理学教员和研究生尊敬的社会科学家。最新一项"20 世纪的心理学家知名度"排名中，斯金纳依然排在第一位，在社会科学领域中，斯金纳的著作是被引用最为频繁的作者之一。

斯金纳是一位反叛者，也是一位激进的行为主义者，他跟随构造主义者波林学习心理学，最终"背叛师门"，选择了行为主义的道路。终其一生，斯金纳矢志不渝地坚持行为主义的想法，并且用一系列惊世骇俗的举动为行为主义心理学鸣锣开道。

斯金纳的反叛和激进从他人生早期的故事中可以看出端倪。他的父亲白手起家，是实现了美国梦的小镇律师，一辈子想要通过政治进入上流社会，可惜最终也没有成功。父亲在家里摆了许多书架，那上面的书是为了装点门面，他自己从来不看。不过，这些书架为斯金纳提供了一个颇有文化氛围的环境，他的第一个人生理想是成为一名作家。

斯金纳的母亲文化修养很好，学过钢琴和萨克斯，还参加过爵士乐团，婚后，她成了一位家庭主妇，将时间和精力都放在了丈夫和孩子身上，钢琴的技艺也只能偶尔在演奏会上露上一手。

父亲和母亲对斯金纳的教育都非常严格，当他们看到 2 年级老师给斯金纳的评语是"常打扰别人"时，全家人陷入了惊慌。父亲为了防止他犯错误，常带他到监狱参观，母亲则不许他讲脏话，否则就用涂满肥皂的湿布洗刷他的嘴。

如果斯金纳没有成为心理学家，他必定是一个手艺人。从小，他就擅长手工制作，搞各种发明创造，他还喜欢玩小动物，抓青蛙，玩蛇，玩蜥蜴。斯金纳在他的自传中回忆说："我总是在做东西。我做了旱冰鞋，可驾驶的运货马车，雪橇和在浅池子里用篙撑来撑去的木筏子；我做了跷跷板，旋转木马和滑梯；我做了弹弓，弓和箭，气枪，用竹筒做的喷水枪；用废锅炉做成了蒸汽炮，这个蒸汽炮可以把土豆和胡萝卜射到邻居的房顶上；我做了陀螺、空竹，使用橡皮筋推动的模型飞机，盒式风筝，用轴和弦转动送上天的竹蜻蜓。我一再试着做一架能把我载上天的滑翔机……"他还用了好几年的时间设计一台永动机，可惜最后没有成功。放弃手工艺的梦想，改行研究心理学后，斯金纳把小时候的爱好与心理学研究结合起来，进行行为主义实践，斯金纳箱和育婴箱都是他的发明。

中学毕业后，父亲希望斯金纳学法律，他自己喜欢文学，希望成为文学家，在一位世交的劝告下，斯金纳进入汉弥尔顿学院主修英国文学。在那里，他没能好好享受大学生活，而是害怕体育运动，且无法忍受每周日的礼拜。到了 4 年级，他将自己视为学校的"公开反抗者"。

他经常和老师辩论，即使没有充分的理由，也会大胆地表达自己的想法，也会做一些反叛行为和恶作剧，原因很简单，他不喜欢某位老师或者同学。那时，有一位教英语作文的教授非常讨人厌，斯金纳认为他是一个声名狼藉的人。有一天，斯金纳和朋友出了一张海报，上面写道："著名的电影喜剧演员卓别林，将于 10 月 9 日星期五，在汉弥尔顿学院附属教堂发表题为'作为一门专业的电影'的演讲"，而这场演讲的主办者就是那位英语教授。

他们将海报贴满全镇，他的朋友还将这条消息告诉了当地的报纸，后来，这场恶作剧完全失控了。警察不得不设置路障，控制人群。第二天，那位被捉弄的英语教授撰文斥责了整个事件，尤其是始作俑者斯金纳。斯金纳却认为，那是那位老师写得最好的文章。

对于斯金纳的顽劣行为，这次虚构的卓别林演讲只是一个开始。后来，他往学生出版物投稿，攻击学校的全体教员以及当地各种神圣不可侵犯的人。他还发表了一篇滑稽模仿的作品，内容是关于公共演讲课的教授在演讲结束时，以结巴的方式评价学生的表现。毕业典礼那天，他在学校的墙上贴满了关于学校全体教员的讽刺画，而且把毕业典礼搞得乱七八糟，在休息时间，校长不得不出面警告，如果他们不安定下来，将得不到学位。

乍看斯金纳的行为，有人会觉得他将来定是一个不学无术的人，一辈子一事无成。看看他研究心理学的劲头，则会发现斯金纳是一个具有非常高的创造性，真实而不虚伪的人。斯金纳在哈佛大学研究期间，每天按照严格的时间表工作。他每天早上6点起床，早读，去实验室、图书馆、教室学习，一直到晚上9点。

一天之内，他的休息时间非常有限。他不看电影、不听音乐会，几乎没有任何约会。他的生活就是工作，工作就是生活，而且，除了专攻心理学和生理学之外，其他专业的书都不看。在现在看来，这种人实在太极端了，简直就是奇葩，实际上，斯金纳在他那个年代也算得上奇葩了。别的不说，单指拿自己女儿做实验这一项，他就担得起这个名号。

在《20世纪最伟大的心理学实验》一书的后记中，作者劳伦·斯莱特声称，写作这本书始于寻找斯金纳的女儿德博拉。"德博拉的一生就像个扑朔迷离的谜团，我找不到她本人，只是确定她还活着，我也找不到有关她精神状态的资料。身为父亲的实验对象多年，她现在过得好吗？生活快乐吗？生活各方面是否都安然无恙？我不知道。"

对于一般读者来说，根本听不懂斯莱特的叙述，斯金纳是谁，德博拉又是哪位？德博拉发生了什么事，让作者如此担心？故事还要从斯金纳的行为主义开始说起。前文提过，斯金纳是一个激进的行为主义者，他认为环境能够决定人的行为，只要人能够控制环境，就能够控制人的行为，这便是操作性行为主义的思想。这一思想来自他的发明之一——斯金纳箱。

这是他用来做实验用的独特的箱子。用斯金纳箱，斯金纳对小白鼠的行为做了一系列研究。结果发现，饥饿的小白鼠在偶然触碰一次杠杆之后，便获得了食物，而这个食物会增加小白鼠按压杠杆的行为。连续地按压杠杆、获得食物，小白鼠由此形成一种条件反射，这便是操作性条件反射。当下企业管理中使用的奖励制度，原型便是斯金纳的实验。

接下来，故事的发展开始变得诡异。据说，斯金纳和他的妻子制作了一个育婴箱，将大女儿德博拉放在其中抚养。斯金纳还发表了文章，讲述德博拉在其中的行为表现。斯金纳的育婴箱遭到了公众的谴责，人们认为，把自己的孩子当做小白鼠是不可原谅的。在育婴箱中长大的孩子，身心必定受到了摧残。

斯莱特大概也是听到了这个故事，以讹传讹，相信斯金纳真的将自己的女儿放入了实验箱，关了整整两年，训练她的各种技能，就像马戏团里训练海豹、狮子一样，并且怀疑德博拉的人生因此受到了影响，因为另有传言说，德博拉成为一名精神病患者，30岁出头便自杀了。

实际上，这个故事从一开始就被误传了。斯金纳和他的妻子的确发明了一个育婴箱，斯金纳也写过一篇关于育婴箱的文章，名字叫《箱子中的孩子》，文章发表在1945年10月期的《妇女之家》（Ladies' Home Journal）中，附文配了一张德博拉在育婴箱里的照片。

斯金纳在文章中向广大父母分享自己的育儿经验，认为育婴箱可以帮助家庭主妇照顾孩子。育婴箱的构造和普通婴儿床差不多，但是有恒温装置和保护板。斯金纳和妻子制造这个育婴箱是为了让婴儿独处时能够更舒适，从而减轻家庭主妇的劳动强度。但是，他也担心这种装置对孩子的身心发展有影响。

由于斯金纳实在太出名了，一提到箱子，人们马上就联系到斯金纳箱和小白鼠。斯金纳发明的育婴箱也是一个箱子，不过，里面的温度、湿度和噪音都能够控制，还有一块可以升降的玻璃。人们由此联想到斯金纳箱也是可以理解的。更重要的是，斯金纳在文章中使用了"装置"一词，这样难免让读者误解，育婴箱是继斯金纳箱之后的另一个实验装置，而实验品则是他的女儿。

实际上，斯金纳从来没有用自己的女儿做实验，德博拉也没有在冰冷的箱子里长大。真实的情况是，德博拉后来成为一名艺术家，并嫁给了一位经济学家，后来两人移居伦敦，膝下没有儿女。斯金纳的另一个女儿朱莉亚后来成为一名教育心理学家，她和丈夫成立了斯金纳基金会，致力于发展父亲的事业，还建立了一个行为主义者组织，名叫国际行为科学协会。朱莉亚还用斯金纳发明的育婴箱养育了自己的孩子，只是这种育婴箱并没有得到广泛推广。

按照茱莉亚的回忆，斯金纳只不过是一个动手能力极强，什么都会做，什么都能发明的父亲。"我爸爸会做风筝给我们玩，我们住在蒙西根时，他会带我们去放箱型风筝，每年都去看马戏团表演。我们养了一只小猎犬，爸爸教它玩捉迷藏，他什么都能教。我们有会玩捉迷藏的狗，会弹钢琴的猫咪，那时真有意思……"

由此证明，斯莱特书中所写并非真实，而是以讹传讹，再添油加醋写出来的惊悚历史。事后，斯特莱辩解道，她刻意抛弃了专业学者习惯使用的"行话"写作，而采用一种随笔的方式介绍心理学实验，是为了避免写出学术界那种佶屈聱牙的文章。作为一位作家，写作方式的选择是个人自由，不过，散文家面对到处寻找客观实在的科学家时，被检举出疏漏和错误也是难免的。

华生的绯闻

约翰·华生在心理学史上是大名鼎鼎的人物。他是行为主义心理学的创始人，将心理学从内省拉到了实验、观察领域，抛弃人的意识，只关注外在行为。华生是一个头脑聪明，极具个性的人，成长在父母婚姻破败的家庭，读书时曾是一个标准的差生。从照片可以看出，即使以今天的审美标准，华生也算是一个大帅哥，这似乎决定了他毁誉参半的人生——不仅仅因为他惊世骇俗的研究、史无前例的观点，还包括他个人生活中的桃色事件。

华生的父母一共生养了6个孩子，他是家里的老四。母亲是一个虔诚的教徒，对孩子的教育非常严厉，她按照牧师的标准培养华生，不许抽烟，不许喝酒，不许参加舞会。华生的父亲是一个非常不靠谱的人，抛妻弃子，和两个印第安女人同居。华生一辈子都没有原谅他的父亲，却没能阻止父亲多情的遗传基因影响他的生活。

学生时代，华生的行为符合差生的全部要求：懒惰、反叛、暴力、学业不佳……华生到处找人打架，为此进了两次警察局。若不是母亲动用关系走后门，恐怕华生连大学的门都进不了。不过，此差生和彼差生还是不一样的。如果天生愚钝，再加上懒惰、反叛、暴力、学业不佳，他估计也没啥出息了。奈何华生是一个聪明绝顶的人，过了青春反叛期，静下心来好好学习，成绩突飞猛进，连最难的希腊文考试他都通过了。

本科毕业之后，进入研究生阶段。华生的导师是戈登·摩尔，一个脾气很大，死守原则的教授，他对学生一点情面不讲，谁晚交论文，谁就不及格。结果华生就晚交了，被他断定不及格。无奈之下，华生只好再念一年——历史证明，惹恼导师的下场就是，导师很生气，后果很严重！

话说回来，戈登·摩尔还算是一个赏罚分明的人，华生拿到硕士学位后，戈登·摩尔把他介绍到芝加哥大学，跟随安吉尔——另一位心理学大咖学习。安吉尔曾经跟随冯特、詹姆斯学习，算起来，华生算是这些前辈的徒孙，只不过，华生最后没有走构造主义的道路，也没有继续发展机能主义心理学，而是另辟蹊径，自己树了一杆大旗。

华生最著名、最有影响力的一句话就是："请给我一打健康而没有缺陷的婴儿，让我在我的特殊世界中教养，那么我可以担保，在这十几个婴儿之中，我随便拿出一个来，都可以训练他成为任何一种专家——无论他的能力、嗜好、趋向、才能、职业及种族是怎样的，我都能够训练他成为一个医生，或一个律师，或一个艺术家，或一个商界首领，或者甚至也可以训练他成为一个乞丐或窃贼。"今天，这句话已经成为环境决定论的"专业用语"。

说起华生的婚姻，在今天看来，也不过是很平常的师生恋加婚外情的故事。他的第一任妻子玛丽·伊克斯就是他的学生。上课时，玛丽被这位年轻帅气又有才华的导师迷住了，一次考试，她没有答题，而是给华生写了一封情书，后来他们就结婚了。

在研究小艾尔伯特期间，19岁的罗莎莉·雷纳成为华生的助手。罗莎莉不仅年轻貌美，还出身世家。父亲经商，拥有大笔财富。两人整天一起搞研究，日久生情，很快发生了性关系。华生的原配妻子也是一个狠角色，出身政治家族，她的妹妹是罗斯福总统的秘书。得知华生爱上了自己的学生后，玛丽利用到罗莎莉家里赴宴的机会溜进了罗莎莉的卧室，偷到了华生写给罗莎莉的情书。后来，这些情书被送到了约翰·霍普金斯大学校长富兰克·古德劳的手中，当时的校规禁止师生之间发生这样的丑闻，华生在离开罗莎莉和离开约翰·霍普金斯大学之间选择了后者。

这件桃色新闻在当时也是街谈巷议，闹得满城风雨。报纸都在刊登大学教授道德败坏，勾引女学生之类的报道。华生原本在心理学领域的研究就没有被认可，私生活又闹出这样的丑闻，一下子陷入了穷困潦倒的境地。和罗莎莉顺利结了婚，代价是罗莎莉和父母断绝关系，他们的经济生活变得拮据，原来的同事、朋友也不再和他来往。

后来，在一位同病相怜者的介绍下，华生进入汤普森广告公司。他在广告公司混得风生水起，两年时间就升任副总裁，年薪从1万美元涨到了7万美元，要知道，当初约翰·霍普金斯大学每年出3000美元聘用他时，华生就乐呵呵地跳槽了。和大学教员相比，广告公司的职位让华生的生活跨上了一个台阶。

即使这样，华生依然热爱心理学，他还在郊区买了个农场，专门搞小动物研究。但是没有大学愿意接受他，专业期刊也不刊载他的文章，后来，他只好在一些通俗杂志上发表文章，为行为主义的普及做些工作。

华生和罗莎莉生了两个儿子，一个名叫威廉，一个名叫詹姆斯，家族美满幸福。可惜好景不长，罗莎莉36岁染病去世，威廉后来成为一位精神病学家，死于自杀，詹姆斯活了下来，但他认为自己能够生存下来得益于精神分析治疗，而不是行为主义。

华生后半生彻底远离了心理学界。他65岁从广告界退休，晚年和一位女士同住在郊区的农场里，在医生劝告下，华生戒了酒瘾，身体很健康。几十年过去了，行为主义心理学逐渐被人们认可，华生当初提出的说法也显得不那么异类了。80岁时，美国心理学会决定表彰华生对心理学的重大贡献，授予他一枚金质奖章。华生兴冲冲地去领奖，但又担心自己无法控制情绪，泪洒当场，于是由他人代为领奖。第二年，华生去世。

可以设想，如果当初华生没有那么早地离开心理学界，继续发展他的行为主义理论，今天的心理学可能是另外一番样子。

深情的弗洛伊德

　　弗洛伊德是精神分析学派的创始人，也是开创性学领域的哲学和医学大师，对他的理论不太理解的人，总是将"力比多"（即性力）、"性本能"、"性倒错"这样的标签贴在他身上，好像弗洛伊德一辈子除了研究性心理之外什么都没做。由此，与弗洛伊德生活的时代隔了近百年才有读者读他的书，研究他的理论，略懂皮毛的人必然产生误读。对于弗洛伊德的性心理研究，想必许多读者都有过不怀好意的猜想，一个将任何事物都和生殖器联系起来的人，其本人、其生活会是什么样子呢？

　　弗洛伊德向来称自己一个非常正派的人，对爱情、婚姻的态度非常传统，多年来，他给人的印象也的确如此。从《弗洛伊德情书》这本书中可以看出，弗洛伊德是一个深情的人，同时是一个写情书的高手。1882 年6 月 17 日，弗洛伊德和妹妹的朋友玛莎相识，玛莎出生在一个地位很高的犹太家庭，她的祖父曾是驻汉堡的犹太正教领袖，是诗人海涅的朋友。当时弗洛伊德 26 岁，玛莎 21 岁，两个月后，弗洛伊德和玛莎订婚，这件事只有他们知道，半年之后，双方家人才知晓。

　　后来，玛莎离开维也纳，刚刚感受到幸福的弗洛伊德开始了相思之苦。两个人总是聚少离多，弗洛伊德对未婚妻的情意便倾泻到纸上，写出了900 多封信。从订婚到结婚的 4 年间，几乎每隔三五天，弗洛伊德就会给玛莎写一封长信，频繁时则一天一封。

弗洛伊德的情书没有少于 4 页的，有时会长达十几、二十页，他在心中分享他的各种想法，他的梦境，他的哲学思辨。弗洛伊德在信中提到他的梦境，"我有很多不能解释的梦，我从来不会梦到那些白天心里所想的事情，在我梦中的都是那些在白天一闪而过的事物"。

很难想象，一位心理学大师能够如此富有艺术的文采，在他给玛莎的情书中，不断喷涌出才学和热烈的思辨——"你离开后，我才体味到我心中充盈着的快乐和慢慢开始郁积的失落。如果不是装有你玉照的精美小盒依然摆放在我的面前，我会难以相信这一切，以为这只不过是一场梦而害怕从梦中醒转。然而朋友们却告诉我那是真的，那逝去的点点滴滴也常浮现在我的脑海。它似是如此迷人，如此神秘地令我沉醉，胜过世上任何美梦。玛莎属于我了，这一定是真的。她是如此可爱，人人钦慕，令我第一眼就无法抗拒；她是如此高尚，当我羞于表白时勇敢地走向我，用圣洁的人格荡涤我的心灵；她是如此善解人意，在我最需要帮助的时候使我坚信自己的价值，以新的希望和力量投入工作。而现在，她属于我了！"

有一次，玛莎到卢北克度假，在写给弗洛伊德的信中，玛莎讲了一个笑话，她幻想自己游泳时淹死了。弗洛伊德在回信中写道："有人一定会认为，同人类数千年的历史相比，一个人失去自己的爱人，不过是沧海一粟罢了。但是，我要承认，我的看法同他们的想法正好相反。在我看来，失去爱人无异于世界末日的到来。在那种情况下，即使是一切仍在进行，我也什么都看不见了！"

除了绵绵情话，弗洛伊德和玛莎之间的通信谈得最多的是钱的问题。当时，弗洛伊德在维也纳总医院精神病科工作，并拿到一笔奖学金到巴黎留学，但在经济上，他仍然是一位清贫的医生。父母的家境困难，弗洛伊德也没有稳定的收入，以至于他拖了 4 年的时间才将玛莎娶回家。1886 年，弗洛伊德终于开业行医，9 月，他们结婚了。为了筹备婚礼，他们花光了所有的钱——大部分来自玛莎的嫁妆，最后差点连家具都买不起。

私人诊所的开业让弗洛伊德拥有了稳定的收入，足以负担逐渐增多的家庭负担，后来，他们还从拥挤的房子搬到了约瑟夫皇帝街较宽敞的屋子里。弗洛伊德在给病人进行精神分析时，对病人的风流韵事特别感兴趣，病人也只有在和他分享了所有的私密生活之后，才能进行全面的精神分析治疗。相反，弗洛伊德对他个人的生活始终讳莫如深。

不知是刻意低调，还是有所顾忌，他的保守和坚贞为他迎来了很高的荣誉。前维也纳西格蒙德·弗洛伊德档案馆馆长库尔特·埃斯勒在 1993 年写道："弗洛伊德在某个方面肯定优于荣格：他的风流韵事历史简直是一张白纸。"讽刺的是，历史证明，弗洛伊德的白纸上留下了一些痕迹。

弗洛伊德的妻子玛莎是一位传统的女性，生养了 6 个孩子，每天忙于家务，身体不太好。从 1896 年之后，玛莎的妹妹米娜搬到弗洛伊德家里和他们一起住，同时帮忙照料孩子和家务。米娜喜欢读书，也懂一点精神分析，弗洛伊德每年都会外出旅行，玛莎不喜欢外出，弗洛伊德则会选择不同的旅伴一起出行，有时候是他的弟弟，有时候是小女儿安娜，有时候则是妻妹米娜。

弗洛伊德和米娜有婚外情的传言一直在坊间流传，甚至有传言说，米娜在 1900 年曾怀上了弗洛伊德的孩子，但是后来堕了胎。弗洛伊德的学生荣格曾经说，米娜在 1907 年曾告诉他，她和弗洛伊德有染，并且为这种不道德的关系背负罪恶感。结果，荣格的话被看做是对弗洛伊德的诋毁——那时候他们已经决裂，成为势不两立的敌人——招来了弗洛伊德支持者的大肆攻击。人们似信非信地让传言流传下来，但是没有人找到证据能够直接证明弗洛伊德在婚姻上不忠。100 年后的研究证明，这位喜欢将权威、伦理道德挂在嘴边的心理学大师，的确有过一段风花雪月的故事——

他卷入了妻子、妻妹的三角恋之中。

2006 年，一位海登堡大学的社会学家兼精神分析医师弗朗茨·马歇尤斯基宣称，他在马贝茨旅馆包着皮边的登记簿中泛黄的纸页上，找到了弗洛伊德和米娜于 1898 年 8 月 13 日入住时的登记。他们以夫妻的名义入住了旅馆的 11 号房间，弗洛伊德在签字时写的是"西格蒙德·弗洛伊德医生和妻子"。那一年，弗洛伊德 42 岁，米娜 33 岁。当天，弗洛伊德还给玛莎寄过明信片，描述当地的冰河、山峦和湖泊，还提到他们住的旅馆是镇上数一数二的，但是非常简陋。也就是说，玛莎知道弗洛伊德的行踪，只是不知道丈夫和妹妹共处一室。

实际上，从弗洛伊德和玛莎谈恋爱起，他就已经注意到米娜——玛莎的"聪明和有些刻薄"的妹妹，不过当时米娜已经有未婚夫了。弗洛伊德和玛莎结婚后，米娜的未婚夫因肺结核去世，她则从事一份看护的工作。两年之后，米娜跟随弗洛伊德去瑞士旅行，并且一起度过了 3 天时间。在看过《弗洛伊德情书》之后，这一份旅馆登记记录让人们看到了弗洛伊德的另外一面。

詹姆斯的鸟笼

　　许多人都会在自己心里挂一个空鸟笼，然后不断地往里面塞东西。举一个最简单的例子，女孩子新买了一条裙子，穿起来端庄大方，特有淑女范，低头看一下，鞋子配不上裙子，包包的颜色也不太合适，于是为了添置一身合适的行头，这个月的开支就蹭蹭地往上长了。

　　房屋装修也有类似的道理。卫生间搞定，品质高雅，宽敞舒适，看看其他地方，整体风格要统一，颜色要相配，不能因为选错了一套壁橱降低了整间房子的格调。于是，原本选好的物美价廉的材料全部推倒重来，几个月忙活下来，貌似可以换一套更华丽的壁纸，这时才发现，花销已经严重超出装修预算。回头想想，一切事情都是那个高档的抽水马桶惹出来的。

　　生活中这类事情比比皆是，用一个心理学术语来描绘，就是鸟笼效应，它是由美国心理学家詹姆斯发现的。詹姆斯一生在哈佛大学工作，1907年退休时，他的好友物理学家卡尔森也退休了。一天，詹姆斯和卡尔森打赌，"不久之后，我会让你养上一只鸟"。卡尔森不以为然，"不可能，我从来没有想过要养一只鸟"。

　　对于詹姆斯的话，卡尔森也没有在意。在他生日那天，詹姆斯果然送给他一个精致的鸟笼，卡尔森说："这个也不会影响我的想法的，我只当它是一个精美的工艺品而已。"卡尔森没有想到，之后发生的事情完全不受他的控制。只要有客人来访，看见卡尔森书桌旁空荡荡的鸟笼，就会问他："教授，你养的鸟什么时候死了？"卡尔森解释说："我从来没有养过鸟，那只是一个礼物。"然而，每次客人来都会问他同样的问题，他就要将来龙去脉跟人家解释一遍，同时接受客人好奇而困惑的眼神。无奈之下，卡尔森只好买了只鸟放在鸟笼里，这正是"鸟笼效应"的结果。

卡尔森为什么会屈从"鸟笼效应"，改变自己的行为呢？那是因为买一只鸟比解释为什么鸟笼里面没有鸟要容易得多。实际上，"鸟笼效应"就是一个逻辑问题。如果挂一个精致的鸟笼在房间里，主人面对的结果只有两个，扔掉鸟笼，或者在鸟笼里养一只鸟。

"鸟笼效应"起作用的原因，一是思维定式，二是群体思维。人总是有思维定式，即根据以往积累的经验和已有的规律形成的思维方式。在做判断的时候，人们习惯按照以往的经验行事，极度相信经验，害怕改变，担心稍微一点的改变都会带来难以掌控的变化，因此，每个人都会被思维定式所左右，这种思维定式并非总是能够做出最佳选择。

客人在见到卡尔森的鸟笼后，按照思维定式进行主观判断。鸟笼是用来养鸟的，有了鸟笼没有鸟，就变成奇怪的事，人们无法理解卡尔森说的"鸟笼只是一件工艺品"这种奇怪的思维方式，一次次的疑惑和不理解之后，卡尔森也只好遵从思维定式，以此打消客人的好奇和疑惑。

另外，个体总是会受到群体一致性的压力，也就是从众的压力。虽然说真理掌握在少数人手中，但少数人对抗多数人时面对的压力却很少被人提及。群体成员总是会产生依赖性，同时对群体认同产生希望，即使像卡尔森那样的物理学家，为了给自己减少点麻烦，也只好表面上做出符合他人期待的行为——他自己心里可能依旧这样嘀咕："那明明就是一件工艺品"。

和"鸟笼效应"相似的是"空花瓶效应"。男朋友送来一束鲜花，女孩非常高兴，特意买来一只水晶花瓶，将鲜花插在里面。过了几天，鲜花谢了，男朋友只好再买一束花送来，以后，为了不让水晶花瓶空着，男朋友只好每隔几天就送花，由此形成了一种甜蜜的负担。

"鸟笼效应"促进了情侣之间的爱情，不过，一旦"鸟笼效应"被别有用心的人利用，就会形成控制行为的方法。毕竟，思维定式和从众是人类大脑面对的最大难题之一，"鸟笼效应"会限制人的想象，束缚住任何突破常规的想象力，让人们在不知不觉中改变自己的行为。

拿手机上网来说，当每月流量套餐只有 50M 时，手机用户可能会为了节省流量，上网只是聊聊天，看看新闻，下载 APP 或者音乐。随后，通信公司推出每个月 100M 流量免费使用的体验活动，手机用户的行为开始发生变化了。没有上网习惯的人首先会将流量弃之不用，这时身边人就会说："不是有 100M 吗，反正是赠送的，不用白不用。"于是，手机用户每天上网，QQ24 小时在线，微博、贴吧刷不停，月底发现流量还剩下不少，貌似还没有将"免费的午餐"发挥到极致。下个月不用朋友提醒，就会自动寻找消耗流量的方法，到月底，如果还剩许多，就会批量下载各种应用软件，直到接到提示说"您本月流量套餐还剩 0.00M"才甘心。

这样的变化都是在不知不觉中发生的，3 个月体验期过去了，免费的午餐没有了，可是用手机上网已经形成习惯，不可避免了，连续做一件事，21 天就可以形成习惯，更不用说 3 个月了。早上起床第一件事看新闻，看好友动态，工作间隙阅读电子书，和朋友聊天，看网络视频，手机上网成为生活的一部分，于是，马上到营业厅办理上网业务，或者从 50M 换成了 100M 甚至更多。

仔细想想，"鸟笼效应"无处不在，时时刻刻在左右着人们的生活。为了赴一次重要的约会，你花了多少时间，换了多少套衣服；为了一张健身卡，你改变了平时的作息时间，甚至连生活习惯都改变了；由于买了张高级书桌，就想给它配一把旋转皮椅，买了 10 双新筷子就会想再买 10 只碗。而事实是，没有旋转皮椅，实木靠椅也能用；没有 10 只新碗，吃饭也不会引起太大问题。

如果所有事情都按照"鸟笼效应"的逻辑发展下去，不仅会引起最大的资源浪费，还会将自己困在一个思维框架中，在"匹配"心理的驱动下不断改变自己的行为，直到有一天发现，当下的结果离初衷已经非常远了。

寻找爱的真谛

20 世纪 60 年代，现代心理学出现了一次新的革新运动——人本主义心理学。在人本主义心理学出现之前，欧洲的一些心理学家持存在主义哲学家的观点，以尼采、萨特等人的理论为基础，发展他们的心理学理论，其中包括罗洛·梅，因此说，罗洛·梅是一位介于存在主义和人本主义之间的心理学家。

1909 年，罗洛·梅生于美国俄亥俄州的艾达，父亲在基督教青年会任职。他的童年经历颇为坎坷。父母多年来感情不和，经常吵闹、分居，最终离异，他的姐姐为此精神崩溃，患上了精神病。罗洛·梅进入密歇根学院主修英语，后来因为参与出版激进的学生杂志被迫退学，转入俄亥俄州奥伯林学院，1930 年获奥伯林学院文学士学位。

毕业后，他到希腊教书 3 年，期间，他在欧洲广泛游历，参加了阿德勒在维也纳山区举办的暑假培训班。可以说，罗洛·梅最初对心理学的兴趣就是来自这次培训经历。1934 年，他回到美国，在密歇根州立学院担任学生心理咨询员，后来进入纽约联合神学院，1938 年，梅从纽约联合神学院毕业。

1943 年，罗洛·梅拜精神分析学家弗洛姆为师，开始系统地学习精神分析的理论和方法。1946 年，梅开设了心理诊所，用精神分析方法开业行医。同时在哥伦比亚大学进修，学习临床心理学。然而，罗洛·梅并没有在精神分析这条路上走下去，而是发展出以存在主义为基础的存在心理疗法。这与当时的社会风俗、心理学发展和他本人的选择都有关系。

在哥伦比亚大学期间，罗洛·梅患上了肺结核，不得不住院疗养。患病的经历成为他人生的转折点。疗养期间，他大量阅读精神分析和存在主义哲学的著作，尤其是弗洛伊德和克尔凯郭尔的著作。病愈后，罗洛·梅以《焦虑的意义》撰写博士论文，成为哥伦比亚大学第一个获得临床心理学博士学位的人。

临近 50 年代，精神分析学遭遇了历史的瓶颈。根据弗洛伊德的理论，社会风俗的开放会缓解本我和超我的冲突，减轻心理治疗的负担。事实恰好相反，更多人走进心理诊所，接受心理治疗，这些人的病症是自我空虚、焦虑、无价值感。精神分析学对此无法做出合理的解释，一些精神分析学家急切地想要在弗洛伊德的理论框架内寻求解决办法，另外一些精神分析学家则开始怀疑自己相信的那一套理论，其中包括罗洛·梅。

在社会风俗开放的年代，变态心理已经无法用性压抑来解释，如果继续停留在弗洛伊德的框架内，显然是不合时宜的。另一方面，席卷欧洲的存在主义哲学也为困惑中的心理学家找到了出路。

存在主义哲学的创始人是海德格尔，大力倡导存在主义哲学的则是法国的哲学家萨特。存在主义研究的对象是个人，中心问题是个体生存以及个人存在的意义。存在主义哲学家将个人放在社会里，研究个人在社会中面对的焦虑、孤独、空虚等困境。存在主义哲学的另一个观点是个人的自由选择。人拥有自由选择的能力，如果个人放弃了自由选择的权力，将选择权交给社会或他人，就会进入一种非真实的存在状态，丧失自我个性，潜能无法发挥，从而逐渐产生空虚、自我疏远、生活毫无意义等痛苦的体验情绪。显然，存在主义的观点比弗洛伊德的理论更有意义。

1950 年，在博士论文的基础上，罗洛·梅出版了他的第一本心理学专著，书名沿用《焦虑的意义》。他在这本书中提出了一般性焦虑的概念。罗洛·梅认为，现代人之所以空虚焦虑，是因为爱和意志的力量遭到了挫伤。他将人的焦虑分为两种，一是健康的焦虑，一是神经质焦虑。健康的焦虑是指在现实生活中面对选择时，如升学、就业、婚姻、投资等，这是生活在世界上的人普遍会面对的焦虑，如果以乐观的态度面对，心甘情愿地承担责任，即使后果不尽如人意，至少也能克服焦虑，将危机化为转机。

神经质焦虑则是指个人在面对选择情境时，因为过分恐惧选择带来的后果而犹豫不决，陷入痛苦状态，如果因为放弃选择丧失成功机会，则会感到更加痛苦。如此一来，焦虑没有免除，反而越积越多，最终因为无法承担过重的心理压力导致精神疾病。

1958 年，罗洛·梅出版了《存在：精神病学与心理学的新面向》一书，将海德格尔的存在主义思想介绍到美国。此后，他一方面建立自己的心理治疗体系，一方面为人本主义的发展奠定基础。罗洛·梅的人性观点和后来的人本主义心理学家不一样，比如，罗洛·梅认为人性中善恶同时存在，人本主义心理学家罗杰斯则认为，在良好的教育下，能把人性中恶的一面去除。

他认为，每个人生来就具有长成为一个人的潜能，每个人都会努力将天赋发挥出来，最终达到自我实现。其他生物是靠自然条件成长的，人却是靠自己的选择成长的，人生活的世界尽管环境相似，个人的成长却存在巨大差异。因此，罗洛·梅强调自由意志，反对先天决定论。

面对选择时，有的人选择妥当，有的人却未必妥当，选择之后也未必如意。面对选择情境时，人体就可能陷入既想求成，又想逃避的困境，心理治疗的目的就是协助当事人了解自己，重新选择。

1961 年，罗洛·梅出版了《存在主义心理学》一书，他在书中探讨了人在面对死亡时的态度。个人对死亡是无可选择的，但是如何面对死亡，仍然可以选择。如果人能够长生不老，就不会珍惜生命，不会努力追求美好。正因为人生苦短，在短暂的生命中选择自己的生活，才显得特别有意义。学习不害怕死亡，接受死亡必然来临的结果，是每个人应该面对的人生课题。

1969 年，《爱与意志》出版，这是罗洛·梅的成名作，书籍一出版，就被书评杂志誉为"本年度最重要的书"。罗洛·梅在《爱与意志》一书中解释了爱与意志在生活中的意义。在西方传统中，爱有 4 种形式，第一是性，即肉欲或力比多；第二是爱欲，这种爱驱使人繁殖和创造；第三是朋友挚爱；第四是同胞爱，即为世上的他人设想，如"神爱世人"。

然而，20 世纪的爱已经发生了变化。问题已经不是弗洛伊德时代的性压抑，而是性的泛滥。人们试图通过性来摆脱人生的困境，实际上却适得其反。爱已经被简化为性，意志则被误解为过度理性、严峻的意志力。在他看来，爱与意志其实是每个人当下的生命动力，展现在当下，延续着过去并且投向未来。因此，爱是和对方在一起时的喜悦以及对自己和对方价值的肯定。

我把人脑比电脑

认知心理学的诞生和乌尔里克·奈塞尔有着莫大的关系。他的著作《认知心理学》催生了认知心理学，为此，他也被称为"认知心理学之父"。

1928年，奈塞尔出生在德国基尔市一个犹太人家庭。父亲是经济学家，在基尔市的世界经济研究所工作，母亲是一位女权主义者，在德国女权运动中非常活跃。二战时期，奈塞尔全家移居美国，他在纽约上中学。由于成绩优异，奈塞尔很快成为美国大学优等生荣誉学会的成员。进入哈佛大学后，奈塞尔主修的是物理学，他最初的想法是成为一名科学家，但他对物理、化学的兴趣似乎没有他想象的那么大。巧的是，他选修了一门心理学课程，在波林的影响下，他开始对心理学感兴趣。

从接触心理学开始，奈塞尔就学习了许多完全对立的理论，比如行为主义和格式塔心理学。由于行为主义将人性看得过于机械，奈塞尔很快放弃了，转向格式塔心理学。攻读硕士期间，他得到了格式塔心理学家苛勒等人的指导，后来，他觉得格式塔心理学已经成为过去，行为主义大潮也即将消退，他应该为心理学寻找新的出路，而当时最新、最热的观点就是信息论，他第一时间想到了米勒。于是，他到麻省理工学院学习，发出反叛行为主义的声音，可惜没有人响应。

短暂离开后，奈塞尔重新回到哈佛，以听觉阈限的神经量子研究获得博士学位。毕业后，奈塞尔被哈佛大学聘为讲师，从此开始了他的心理学研究生涯。实际上，20世纪50年代的心理学界，行为主义研究仍然是主流，在信息科学和计算机科学的推动下，认知研究逐渐开始发展，1956年在麻省理工学院召开的"信息理论学术研讨会"，被人们看做是信息加工认知心理学兴起的标志。

从这一年开始，奈塞尔着手写作他的第一本心理学专著《认知心理学》，此时的他还在为心理学和计算机科学之间的关系而苦恼，他觉得，计算机操作和编程是分析心理过程的好方法，同时，他因为受格式塔心理学的影响，无法将人的心理和大脑看作计算机。最终，他在二者之间找到了平衡：在人性的前提下，运用信息加工的观点来说明认知过程，即知觉是输入，回忆是输出，二者之间便是心理加工的过程。

两年半之后，《认知心理学》出版，这本书是世界上第一部认知心理学专著。奈塞尔将之前零散的认知研究整合成一个学科框架，为心理学家们利用计算机科学研究注意、知觉、意识的实验室活动赋予一个正式的名称——认知心理学。这本书很快引发了全美的认知运动，各大学纷纷建立认知心理学实验室、召开认知研讨会、出版认知研究的著作、创办认知心理学刊物，一时间，认知心理学就像当初的行为主义一样，渗透到心理学的各个学科中，如发展心理学、社会心理学、人格心理学，等等。

《认知心理学》的出版让奈塞尔一夜之间成为心理学界的名人，然而，认知心理学在现实中的遭遇却让他感到失望。这时，他开始思考认知心理学的未来发展。1973年，他原本打算修订《认知心理学》，中途由于无法忍受令人讨厌的认知心理学文献，他放弃了已完成的书稿，又用了两年的时间，写作了《认知与现实：认知心理学的原理与含义》，一本与《认知心理学》完全不同的书。

这本书将认知心理学的研究方向转向了生态学。奈塞尔希望建立起信息加工和生态学研究相结合的研究模式，为此，他在书中探讨了 4 个问题。第一，认知心理学要关注人性，不能只局限在实验情境之下，忽略了实验室外面的环境，否则，认知心理学的研究无法深入人性；第二，认知心理学发生了什么样的变化，应该如何看待这些变化；第三，信息加工的观点需要重新被审视；第四，注意、容量和意识问题。奈塞尔在书中谦虚地说，他并不能很好地把握主流，事实证明，大多数情况下主流都在追随他。

第三章
生活中的心理学

　　根据一项最新的调查，某些职业人群睡不好觉是常有的事，比如媒体从业者，他们的常态是带着一双惺忪睡眼迎接黎明。中国睡眠质量最好的职业是什么呢？教师和公务员。在一项8000多人参与的调查中，要求各行各业的人按照100分给自己的睡眠质量评分，结果教师的平均得分是62.6，公务员的平均得分是62.5，分列睡眠最佳职业前两位，媒体从业人员的睡眠质量最差，排在最后一名，比媒体人员稍好一点的是医务人员、小企业主和广告从业者。

为什么喜欢靠窗的座位

靠窗而坐的现象，在生活中随处可见。餐厅里就餐的人群喜欢寻找临街的靠窗位置，可以一边品尝美食一边闲谈，同时看着窗外或车水马龙，或曲径通幽的世界。街边的咖啡馆和小餐厅，室内的座椅也是少有人坐，而临街的餐桌常常被抢占一空，人们喜欢边吃喝边欣赏过往的行人。在公共汽车上、火车上、飞机上，人们也倾向选择一个靠窗的位置，即使窗外没有任何美景，即使夜晚前行，外面一片漆黑，如果不需要按号入座，人们都会毫不犹豫地放弃邻近过道的位置，首选靠窗的位置。即使在广场上，人们一样会在存在边界的建筑或设施附近停留，比如墙根、立柱、街灯、树木等。在广阔的沙滩上，人们也会首先选择边界的位置休息，只有当周边区域空间拥挤时，人们才不得不停留在中间区域。

喜欢靠窗而坐，或者停留在广场的建筑或设施附近，这些现象都是生活中非常平常的现象。可是，若有人问你，这其中的原因是什么呢？是什么样的心理导致人们如此选择？或许没有人能够解释清楚，因为它太常见、太普遍，相应地，也会因为这平常和普遍而被人忽略。

我们知道，每个人都会按照自己的喜好做出选择，而且有人总会偏爱一些东西，比如：有人喜欢吃水果蛋糕，有人却喜欢巧克力蛋糕；有人喜欢在咖啡里加双份奶精和糖，有人却喜欢喝苦涩的黑咖啡……不同的人想法自然会不同，然而在选择座位这件事上，人们却表现出了惊人的一致，这不得不让我们产生思考，或许这其中存在着某种人类的共性。

心理学家德克·德·琼治提出来一个理论叫做"边界效应"。他指出，人们喜爱逗留在区域的边缘，而最后选择区域宽敞的中间地带，主要源于人类寻求安全的心理。喜欢与人交往是人的天性，而保证自己处于一个安全的位置，也是人类的本能，而靠窗或者靠近边界的位置恰好保证了这两点的同时满足。

坐在窗户旁边的人，既可以实现和周围人的交往，而边界的阻挡，个人领域中有一半被物体遮挡，又会使自己在外在空间内尽量少地暴露自己。当一个人处于这种相对安全的状态时，遇到突发状况，无论是停留观察还是迅速反应，都会比其他人容易得多。可以说，边界为个体提供了一个掌控全局的视角。拥有了自身的安全保障和全局掌控之后，个体才会逐个地观察身边的人，在可搜索的众多信息中，进行筛选和判断，最后做出合适的选择——和哪个人攀谈，或者试图交往。

另外，因为每个人身上都带着一个叫做"个人空间圈"的透明气泡，它无色无味，不可察觉，也无法触摸，却决定了人与人之间的人际距离。处在边界的人会比处在中心的人更容易通过离开区域的方式，保证自己的个人空间圈不被入侵。当交往中的对方太过靠近自己，甚至进入到个人空间圈的范围内，处在边界的人会拉开彼此的距离，以保证私人空间的完整。按照兵法上来说，即为"进可攻、退可守"，是维持心理安全感的一种计策。

厕所里的心理学

　　心理学是一门研究人类行为的科学，人类行为包括吃喝拉撒睡，睡眠有人研究，吃喝有人研究，拉撒也有人研究吗？答案是肯定的。追溯起来，最早研究人类在厕所中行为的心理学家是弗洛伊德。他提出了一个著名的"肛门期理论"，认为婴儿从一岁到两岁期间，通过肛门排泄体验性快感，排泄活动能让婴儿获得极大的快乐。

　　这一阶段的主要任务是训练婴儿按时排便，以培养其自控能力。如果这一阶段发生心理冲突，就会造成肛门型人格。肛门排出型人格慷慨大方，愿意将自己拥有的赠与别人，同时也表现出过于放肆、无礼；肛门滞留型人格则极度吝啬、保守，整洁，有规矩，但是过分控制。此外，弗洛伊德还将便秘看做一种神经症，便秘的人大多性格悲观、多愁善感。

　　在后弗洛伊德时代，人们研究排便、如厕行为时，难免和厕所空间、抽水马桶等联系在一起。生活在现代文明社会的人，每天有各种发明创造相伴，电视机、电冰箱、电脑、汽车、抽水马桶。如果将所有的现代家用设备都放弃，只能选择一样留下，人们可以不要电视机，不要电冰箱，不要电脑和汽车，但是绝对离不开抽水马桶。

　　一项调查表明，英国人认为，抽水马桶是第九项对人类发展影响重大的发明，其他发明如内燃机、卫生纸、铁路和圆珠笔也被列入榜单。马桶如此重要，心理学家自然也不会放过这个研究的机会，虽然谈论马桶、如厕的问题总是令人尴尬，恶心，还有许多羞于谈及的地方。

世界上第一个马桶出现在公元前 2000 年，而真正的冲水式马桶出现在 400 多年前。在马桶出现之前，人们随意排泄，躲在大树后面，或者藏到山坡下，城市居民会将排泄物从窗户扔到街上。即使王公贵族，拥有体面的举止和言谈，却改不掉随地大小便的习惯，直到 1606 年，亨利四世下令禁止此种行为，卢浮宫角落里的粪便才逐渐消失。

1597 年，第一个冲水式马桶在英国诞生，发明者是英国贵族约翰·哈灵顿。他将这个新发明安装在伊丽莎白女王的宫廷里。1775 年，英国钟表师卡明斯对哈灵顿的马桶进行了改进，使储水器的水用完之后，能够自动关住阀门，同时让水自动灌满水箱。后来，一位工匠将储水器放在了马桶上方，并安装了把手，用来控制储水器的出水，同时在便池上安了盖子。最终，约瑟夫·布拉梅发明了防止污水管溢出臭味的 U 形管，形成了现代式马桶的最终设计。

马桶的出现断绝了室内的恶臭，但是排泄物顺着管道直接排到河里，同样导致了严重的环境污染。1843 年，维多利亚女王参观剑桥大学，看到顺流而下的纸张，询问是怎么回事儿，剑桥校长为了不让女王难堪，便谎说"那是禁止在此游泳的告示"。1858 年，伦敦泰晤士河爆发了大恶臭事件，人们才开始兴建下水道系统。直到 19 世纪后期，欧洲的各大城市才开始安装自来水管，抽水马桶和地下排水系统逐渐普及起来。

马桶的发明算得上人类文明中的经典之作，随着马桶的普及，人们如厕的习惯也发生了变化，在一个狭小的卫生间里，也出现了心理学的影响因素。设想一下，如果你到餐厅吃饭，期间突然想要去卫生间，而且是大号。当你走入卫生间，发现厕所里有 4 个隔间，马桶干净，配有厕纸，从门口排号 1、2、3、4，你会选择哪间呢？是中间的 2 号或 3 号，两头的 1 号或 4 号，还是离门口最近的 1 号呢？

这个问题早已被心理学家想到了。美国一位心理学家对人们如何选择如厕位置进行了研究，他的研究方式很奇妙，不是蹲在厕所里一个一个记录，而是记录厕纸的消耗量。结果证明，2 号和 3 号隔间的厕纸消耗量最大，占了 60%，这表明人们更愿意选择中间的两个位置。

人类倾向选择中间的位置，这种行为不仅表现在选择如厕位置上，几乎所有选择都是如此。在 4 排饼干中，大多数顾客会选中间两排，在 3 个圈圈上选择一个打钩，一半的人会选择中间那个圈。或许可以从进化的角度解释这种行为，人类祖先在远古时代需要时刻提防野兽的攻击，而处在中间位置的人是最安全的。

另外，选择便池也涉及私人空间的问题。每个人都有一个无形的私人领地，一旦被别人闯入，就会感到不适，尤其是如厕时。但是，他人的存在到底会对如厕行为造成什么样的影响呢？ 1976 年，心理学家米德米斯特、诺尔斯和玛特设计了一个实验，研究公共厕所里男人小便的时间和速度是否会受他人影响。

米德米斯特在上厕所时注意到，如果身边有一位同学正在使用小便池，他需要等好久才能尿出来。在课堂上，米德米斯特以这个观察为基础，提议进行个人空间的实验，结果遭到了同学的嘲笑。米德米斯特已经了解，当个人空间遭到侵犯时，人会做出相应的反应，或者退缩来重建自己的空间，或者尝试其他办法调节距离。具体是怎么操作的，他还不甚了解，于是他设计了一个囧囧的观察实验。

试验时，有一位实验人员站在镜子前假装梳头发，实际上他在观察进来小便的人。他的任务是记录三方面的数据：选择哪个便池；解开扣子到小便的时间；持续时间。实验证明，男人小便时不喜欢别人靠近，如果有人站在旁边，小便的准备时间会变长，但持续时间会变短。

　　为了更确切地掌握实验数据，米德米斯特进行了更进一步的实验。实验人员选择了3种影响他人的方式。一是不出现，躲在隔间里偷偷观察；二是出现两个人，分别站在两边的位置，留下中间的便池；三是出现两个人，他们紧挨着，留下边上的一个便池。米德米斯特躲在厕所的隔间里，偷偷记录了60位如厕者的情况。结果发现，当厕所空无一人时，从解开扣子到小便的平均时间是4.8秒；如果远方有一个人，时间会延长到6.2秒；如果身边站着一个人，时间几乎翻倍，变成了8.4秒。

　　造成这种情况的原因是个人空间遭到了侵犯。人在恐惧或害怕时，会造成括约肌紧张，从而改变当前的行为方式，以应对变化的环境。厕所实验中，不了解情况的被试在一个陌生人靠近时延迟排尿的现象，便证明了个人空间遭到破坏时引起的恐惧和焦虑。

我们为什么会上瘾

提到上瘾，人们首先想到的是酒精、尼古丁和可卡因。最新的研究表明，人们对一切事物都会上瘾。一个经典的实验可以说明上瘾对行为的影响。将小鼠放在一个带有杠杆的装置里，它挤压一下杠杆，就可以得到一颗含有可卡因的食物，当小鼠对可卡因产生依赖后，不再给它喂含有可卡因的食物。一个小时里，小鼠会千百次地挤压杠杆，其表现形式和人类吸毒成瘾后却找不到毒品时寻死觅活的状态一模一样。

在众多成瘾行为中，吸烟、酗酒、药物依赖是最常见的。最新的研究发现，人类已经形成了其他种类的成瘾行为，如食物成瘾、购物成瘾、性成瘾等。更奇妙的是，所有的成瘾行为都有共同点，好像他们通过同一通道作用于大脑，让大脑在人沉溺于成瘾行为时产生相似的快感。

赌徒的形象人们非常熟悉，赢钱时兴高采烈，输钱时垂头丧气。不管输赢，赌徒一辈子都离不开赌场。因为赌徒有一种强迫性行为，赢了还想赢，输了则想拼命捞回来。他们对赌博的渴求和吸毒者一样，几乎达到了歇斯底里的程度，即使他们明知道，赌博需要付出很大的代价，除了金钱方面的，还有健康方面的，包括焦虑、沮丧、失眠、偏头痛、胃病和自杀想法等。当然，赌博带给他们的快感也很多，尤其是赢的时候，和吸食可卡因后飘飘欲仙的感觉差不多。

美国精神病学家萨克·吉姆发现，用于缓解毒瘾的药物对赌徒也很有效。他给 45 名赌徒使用了一种鸦片拮抗剂，11 周的试验中，这种药物阻断了 75% 的赌徒对赌博的冲动；对照组服用的是安慰剂，结果只阻断了 24% 的赌博冲动。吉姆将这种药物又用到了 10 名偷窃癖患者身上，经过 11 周的治疗后，其中 9 名患者的状况有所改善。

吉姆用实验证明，可卡因、赌博和盗窃共用一个生化通道，对大脑产生类似的刺激。耶鲁大学的精神病学家马克·波腾扎的实验证实了这种说法。他给赌徒看人们赌博和谈论赌博的影像，同时观察赌徒的大脑反应，结果发现，其大脑的额叶和额下叶某些区域表现活跃；当可卡因吸食者观看吸毒影像时，其大脑反应也是如此。

后来的研究发现，人的大脑会分泌多种让人感到快乐的物质，这些物质被统称为"快乐素"，其中的杰出代表是多巴胺、去甲肾上腺素、内啡肽和催产素，这 4 种物质分别能产生快感、带来激情、取乐与镇痛、协助身体战胜困难。通常情况下，身体里的快乐素水平较低，能够维持心情平静。当我们完成了某个预定的目标，大脑才会增加快乐素的分泌，让人感受成功带来的喜悦。

酒精的神奇在于，它打开了大脑中释放快乐素的阀门，让人不需要经过持久的努力、艰苦的奋斗，不需要取得一定成就，就能够体会到成功时的快乐。长期大量的饮酒会使快乐素大量释放，由此，人们越来越贪恋杯中美酒，不事劳作。但是，大量的酒精加速了快乐素的消耗，停止饮酒后，神经细胞合成的速度难以抵消之前的消耗量，此时，没有酒精的生活已经难以满足大脑的需求，人就会像痛苦的怪兽一样，情绪已经无法维持平静，而是立刻陷入狂躁、空虚当中，严重时还会出现抽搐、恶心、呕吐。

为了重新体验快乐素带来的快感，只好再次饮酒，这时候，摄入酒精已经不是为了获得快乐，而是为了避免痛苦，久而久之，便养成了酗酒的习惯，酒瘾就形成了。此外，研究表明，50％的酗酒行为也和遗传有关，研究人员发现，注射过基因变体激素的老鼠更容易对酒精上瘾。

在成瘾问题上，男女存在较大差异。赌博和可卡因成瘾方面，男性和女性的比例是2∶1，相比之下，强迫性盗窃行为中，男性和女性的比例是1∶2或1∶3，购物癖基本都是女性，占了90％。女性普遍有购物的嗜好，发展成购物狂便是成瘾，变成了强迫性的购买。购物成瘾的女性明知道疯狂购物的结局是房间里堆满了各种无用的东西，还有永远还不完的卡债，但是依然忍不住要疯狂购物。

对女性购物狂的调查显示，购物本身能够产生短暂的、像吸毒一样的快感，因此，有的心理学家将强迫购物看做一种行为成瘾，本质上和赌博、强迫性盗窃一样。许多女性在抑郁、焦虑的时候才会疯狂购物，那么这到底是精神影响行为，还是行为影响精神呢？也可能是精神和行为的相互作用，但是心理学家目前没有得出一个准确的结论。

许多女性还会对某一种食物成瘾，尤其是甜食。许多爱吃甜食的女孩子嗜甜如命，只要两天不吃，心里就空空的，在橱窗里看到精致的糕点，立刻就迈不动步了。甜食爱好者渴望甜食，就像烟民渴望香烟，毒虫渴望可卡因，酒鬼渴望酒精一样。如果你每天都在吃甜食，离开片刻就觉得没着没落，像犯了毒瘾一样，那么你已经成为一名甜食瘾君子了。

通常情况下，人们只知道可卡因是成瘾药物，最新的研究表明，精制糖比可卡因更容易让人上瘾。若干年前，人们已经发现了白糖成瘾的现象。一些嗜甜的动物一旦离开甜食，就会出现可卡因戒断时期的反应。后来，研究者分别用含有白糖和可卡因的饲料喂养大鼠，94％的大鼠没有选择可卡因，选择了白糖，即使那些对可卡因上瘾的大鼠，也改变兴趣，朝白糖奔去。研究人员发现，那些高度嗜糖的动物对其他成瘾药物有耐受性，它们对麻醉药物的反应并不活跃，敏感度下降。

　　人类为了兼顾甜味和膳食营养，发明了各种甜味剂，后来才发现，甜味剂并不是甜味和健康之前最好的平衡。甜味剂不会升高血糖，却会刺激大脑，导致胰岛素分泌高涨，刺激人的食欲，从而导致脂肪增加。

　　研究人员用核磁共振成像技术观察食物上瘾的人和正常人的大脑，发现在前者面前拿着一份奶昔，就像在酗酒者面前晃动啤酒一样。大脑中有一个奖赏中枢，美味的食物能够使奖赏中枢活跃，烈酒也能让酗酒者的奖赏中枢活跃。

　　在众多成瘾行为中，还有一种令人难以启齿的成瘾症——性成瘾。这类人被持续的、强烈的性冲动所困扰，得不到满足就会焦虑不安、痛苦不堪。和烟瘾、毒瘾、赌瘾一样，性成瘾也会令人难以自拔。

　　目前为止，性学专家找到两个原因解释性成瘾，一是体内激素的过度分泌。如果一个人的性激素——雄性激素或雌性激素分泌高出正常值，医学上表现为性亢进。二是心理方面的原因。从心理学角度看（尽管很多人不认为性成瘾是心理问题），性成瘾可能和儿童期遭受虐待有关。

　　受虐待的儿童觉得生存没有价值，将侮辱和羞耻当做性表达的一部分。性成瘾中，男性居多，男性和女性的比例为 4：1。另外，性成瘾者多数来自缺乏亲密关系的家庭，父母经常吵架，家人不善于表达感情，性成瘾者从小没有体会到被爱的感觉，成年后，他们可能寻求各种心理依赖，如吸烟、喝酒、嗑药，性爱只是众多选项之一。

　　既然药物依赖、吸烟、酗酒刺激的是同一大脑区域，带给人的是相似的快感，那么，会不会有一个共同的原因诱发这些成瘾行为呢？目前为止，唯一确定的答案是遗传因素。过去，人们常把自己体重超标、腰围太大归咎于 DNA，如今，药物成瘾、吸烟、酗酒也可以怪罪到父母身上了——因为他们将"上瘾基因"遗传给了你。

　　最新的科学研究发现，携带"上瘾基因"的人更容易对香烟、酒精、可卡因上瘾。和精神分裂症及其他一些心理疾病一样，可卡因成瘾受遗传因素影响。研究者德国精神药理学教授雷纳·史班纳格的调查发现，在可卡因上瘾者中，有25%的人携带"上瘾基因"。在酗酒者中，有71%的人是受遗传影响，29%的人才是环境因素所致。而母亲吸烟对孩子的影响最大，一份来自美国亚利桑那大学的调查显示，母亲在怀孕期间或孩子幼小时吸烟，孩子长到22岁时吸烟的几率更大，一旦养成习惯，戒掉更难。

在喧嚣中听到自己的名字

一次，一名记者跟着爱因斯坦一起出门散步。他向爱因斯坦请教了一些问题之后，又向爱因斯坦索要了电话号码，以便后续再有问题时，方便向他请教，爱因斯坦也欣然答应了。等到散步结束时，爱因斯坦掏出了电话本，找到了自己的电话号码，一边念一边要求记者记下来。这位记者感到非常惊讶，为什么他自己的电话号码不是记在脑子里，而是记在电话本上？爱因斯坦好像看出了他的心思，对他说："电话本上已经有了，为什么还要记在脑子里呢？"

或许有人会怀疑这个故事的真实性，但是从这个故事中，我们却能够看到，我们的大脑在工作时，是经过一番精心选择的。在大脑的注意中，存在一种主动的选择，这种选择会过滤掉环境中无用的信息，从而让更多的注意致力于完成更重要、更有价值的事情，就像人们在鸡尾酒会中的表现一样。

在鸡尾酒会上充斥着各种声音，环境非常嘈杂，笑声、脚步声、碰杯声、音乐声和众人交谈的声音混杂在一起，让我们的听觉注意工作繁重。可是，当我们和身边的一个朋友聊天时，即使他人的交谈声很大，背景音乐的干扰也很大，我们仍然可以听到朋友所说的内容。当一个人专心地欣赏音乐时，环境的嘈杂他也会充耳不闻，尽情地陶醉在音乐的世界里。这就相当于，在一个十几个，甚至二十几个人一起说话的房间里，我们的耳朵能够选择想听的内容，而将不想听的声音阻挡在外。当远处有人呼喊自己的名字时，我们也可以在众多的声音中分辨出声音的来源。这就是著名的"鸡尾酒会效应"。

"鸡尾酒会效应"原本是心理学家用来解释人类听觉系统中令人惊奇的能力，不过这种现象在人的注意分配中应用得更加广泛。当人在众多的外界刺激中，将注意力集中于某处时，注意的选择会将与之无关的信息排除在外，被注意到的声源所发出的音量，在感觉上会变成其他声源的数倍，从而第一时间引起我们的注意。比如，此时此刻如果有人问你，你的小拇指有什么感觉？在没有发问之前，那里肯定没有任何感觉，而当你的小拇指被提及后，你立刻就会感觉到那里有些酸麻或者皮肤痒得很，或者正在被压迫，或者有些冰凉。其实，在没有人问到之前，小拇指的感觉也同样存在，只不过你的注意力放在了更重要的事情上。当它被直接提出来后，成为一个强烈的信号时，大脑才会发出一个指令，将注意力放在小拇指上。

在一座繁华的都市，有一条非常著名的街道，无论是生活在城市之中的人，还是远道而来的游客，都会特意到这条街道上流连一番，欣赏了下午的美景之后，才心满意足地回家。

阿苏、阿阳和阿贵3个人是好朋友，他们从小生活在远离这个都市的一个小镇上。3个人一直以来的愿望就是能够去这个城市旅行一次，到那条繁华的街道上，点上一杯咖啡，坐上一个下午，静静地欣赏那里的美景。他们约好要一起去，然后将看到的景色记录下来。可惜，后来他们选择了不同的行业，生活经历也开始发生变化。阿苏成为一名外科医生；阿阳则从一个销售员变身成为房地产商；而始终与众不同的阿贵，则成为了一个艺术家，整日醉心于各类的城市雕塑。他们先后来到了这座城市，也游览过那条繁华的街道，他们记录下了文字，各自描绘了很多美丽的场景，但彼此有着千差万别。

阿苏的记录是这样的："我看见一条幽长的街道，从头到尾有数百家的服装店铺和顶级的咖啡馆，却只在巷口的一个狭窄的角落，开设着一家药店。布满灰尘的橱窗里，摆设着各种治疗消化不良的药品，有些人正在耐心地挑选，希望依靠这些药物重新找回健康。也许，他们需要的是郊外新鲜的空气和适量的运动，可是我无法告知他们。"

阿阳的记录是这样的："我看见一条繁华的街道，数百家的店铺生意非常红火。在路边，还有两个女孩摆出来的小摊儿，她们在卖自己缝制的布娃娃。在这条街上开店非常困难，因为租金很贵，而且房东的条件特别苛刻。如果我能够买下这里的一处店铺，我就会变成一个成功的商人。"

阿贵的记录是这样的："我看见一条充满诗意的街道，在落日余晖的映衬下，街上的每一片石板都在泛着微光。在这城市巨大的苍穹下，金色的阳光投射在临街的窗棂上，整条街就如同睡在夕阳的美梦里，久久不愿醒来。"

同样的一条街道，在3个人的眼中竟然会如此的不同，这究竟是什么原因呢？其实，这也正符合了注意的选择性。同一个人面对不同的事物，注意会做出选择，不同的人面对同一事物，注意同样会做出选择。阿苏、阿阳和阿贵因为各自的经历不同，职业选择也不同，在观赏同一条街的美景时，自然会选择与自己经历相似、关注点相近的事物。心理学家告诉我们：我们每天都从外界接收大量的信息，但是我们注意到的永远只是其中很小的一部分，而每个人注意到的东西都是经过有意选择的，自然注意的结果往往也会不同。

拖延的代价是什么

一个公司的白领说："一个星期前就接到了出差任务，有大把的时间做准备工作，却迟迟不肯行动，直到眼看到了'deadline'（最后期限），才通宵达旦地忙了一晚，在最后一秒搞定了所有的事情。一颗悬着的心也终于可以放下了。"

一个中学生说："当天应该完成的作业总是要拖到明天，后天，甚至下个星期，有时候直到老师说要检查了，才匆匆忙忙地写上几笔，草草了事。"

一位客户经理说："广告合同马上就要到期了，需要提前联络新的客户，重新约定时间，洽谈合作条件，签订新的广告合同。心里清楚要做的事情还有那么多，却迟迟不肯行动，拖到老板来催为止。"

……

不知道从什么时候开始，拖沓成为了很多人的生活状态。不管是学生还是老师，职员还是经理，不管是学习、工作，看病还是亲朋聚会，凡事都要拖到最后一刻才行动。不到最后一刻就积极不起来，不被逼到份上就没有做事情的动力。这种拖沓可能尚未构成病态，但却在悄悄地改变着我们的生活。在高强度、快节奏的现代社会中，拖沓无疑会成为我们高效工作的绊脚石。

　　绮丽是公司市场部的活动主管，主要负责公司产品的区域展示和促销活动。毫无疑问，她每天的生活都应该是节奏迅速而忙碌的。在别人看来，这位主管也是行事利落，雷厉风行，总是能在最关键的时刻顺利解决问题。只有绮丽自己知道，她做事情从来都是一拖再拖，不到最后一刻绝对不会行动。

　　上个月恰逢国庆假日，公司打算在整个北区进行产品促销，而所有促销的事宜都由她负责。经理清楚地交代好要求后，给了她 10 天的时间做准备工作。转眼一个星期过去了，绮丽一直都处于心不在焉的状态。看着日期一点点临近，她却始终找不到工作的激情，不是在博客上晒一些搞怪的照片，就是在办公室里闲逛。每天下班之后，她又会责备自己："这么没有效率，简直无可救药了！"第二天却依旧如此。

　　直到还剩最后 3 天时间时，她才开始联络北区的各大商场，选择场地，存储货物，安排工作人员。疯狂地忙碌 3 天后，她终于在节日开始前的最后一秒钟搞定了所有的事情。在同事眼中，她再一次轻松搞定重大活动，释放着职场女金刚的能量。只有她自己清楚，这么多天自己受着什么样的煎熬。

　　做事拖沓，现在有一种比较正式的说法叫做"拖延症"。但是，并非所有做事拖沓的人都是"拖延症"。只有当做事拖沓影响到情绪状态，导致当事人出现自责、负罪感、不断地自我否定和自我贬低，并且伴有焦虑感、强迫行为等症状时，才能称之为"拖延症"。目前为止，拖延症尚未在精神医学的标准诊断中出现，绝大部分有"拖延症"的人也未达到心理问题的程度。不过，做事拖沓作为一种坏习惯，的确会影响到身体健康和正常的生活。

　　心理学家研究了一套测量方法，专门用来研究做事拖沓对健康的影响。研究者将编好的量表发给学生，同时布置了一份期末论文。在量表上，学生需要分别报告学期初和学期末的身体状况，包括哪里生病、哪里不适，等等。

研究结果证明，在学期初，拖沓者的不适状况比不拖沓者略少；在学期末时，拖沓者报告的身体不适状况明显比不拖沓者高出了很多。大多数拖沓者都出现失眠、肠胃不适、感冒发烧等状况。

从研究中可以看出，不拖沓者喜欢在接受任务后，在最短的时间内将任务完成，因此他们会在学期初出现一段焦虑、紧张的心理状态；拖沓者为了躲避压力，将论文作业留在了学期的最后。这时，他们需要承受更大的时间压力、更大的出错概率和更短的修正时间，同时，他们也在这时经受着更多的生理病痛。

另外，德国的心理研究表明，做事拖沓的人往往自律性比较差，习惯晚睡，抽烟喝酒没有节制，即使做出戒烟、运动、减肥等决定，也很难做出实质的行动。长期的拖沓行为还在暗示着潜在的生理紊乱，因为拖沓的毛病往往会让一些人错过体检以及治疗疾病的最佳时机。

充足的睡眠不可少

　　身在职场，难免为了赶项目加班熬夜，有时也会因朋友聚会，聊天 K 歌到天明。第二天带着一双熊猫眼和昏昏沉沉的大脑上班，崇高的理想、光明的未来都变得不那么重要了，最大的愿望就是赶紧下班回家，躺在床上睡一大觉，如果能睡到自然醒，自然最好不过。于是职场人最多的感慨就是：我的睡眠哪去了？

　　根据一项最新的调查，某些职业人群睡不好觉是常有的事，比如媒体从业者，他们的常态是带着一双惺忪睡眼迎接黎明。中国睡眠质量最好的职业是什么呢？教师和公务员。在一项 8000 多人参与的调查中，要求各行各业的人按照 100 分给自己的睡眠质量评分，结果教师的平均得分是62.6，公务员的平均得分是 62.5，分列睡眠最佳职业前两位，媒体从业人员的睡眠质量最差，排在最后一名，比媒体人员稍好一点的是医务人员、小企业主和广告从业者。

　　人们为什么如此看重睡眠呢？因为不能睡觉真的是一件令人抓狂的事情。心理学家曾经做过著名的"睡眠剥夺"实验，研究睡眠对人体有多重要，长期不睡觉对人有什么影响？结果非常令人震惊。

　　人在 24 个小时内不睡觉，会出现头晕、头痛、眼花的症状，导致内分泌紊乱，感到恶心，甚至呕吐。"熊猫眼"是不睡觉最可怕的外在表现，因为一天未合眼，眼部肌肉一直处在紧张的状态，眼部血管的一些代谢物沉积，血管呈青紫色，由此产生了明显的黑眼圈。由于血液回流不畅，下坠的眼袋和布满血丝的眼球也是不睡觉带来的噩梦。

尽管连续工作 24 小时有这么多的坏处，当客户催得紧，项目日期近的时候，人们还是选择加班、熬夜，用连续不停歇的工作抢时间。很多人都有体会，加班熬夜的效率并不高，心理学家用核磁共振成像的技术也证明了这一观点。他们扫描了 17 名 24 小时没睡觉的被试，发现大脑中负责思维和注意力的皮层活跃度下降，这意味着，想要一个通宵搞定两天的工作时，大脑就开始偷懒了。

24 小时不睡觉还会降低人的免疫力，让人更容易生病。一些德国的研究人员在给 19 名被试接种了甲肝疫苗后，要求一半人正常睡觉，另一半人坚持 24 小时不睡，之后测定他们体内的甲肝病毒抗体浓度，结果发现，正常睡觉的一组抗体浓度是缺觉一组的 2 倍。研究人员改用流感疫苗进行研究，最终得出了相似的结果。由此证明，仅仅 24 小时不睡觉，就可能导致身体的抵抗力下降。

缺觉 24 小时已经出现了这么多问题，如果连续 48 小时不睡觉呢？更严重的问题来了。注意力难以集中，记忆力也开始下降，一些平时绝对不会犯的低级错误开始出现，比如忘记开会时间，走错房间，找不到刚刚放下的文件……这时候绝对不可以从事危险作业或者开车，你能想象，血液里酒精浓度达到 0.16% 的人开车会发生什么情况吗？

除了大脑开始短路，身体的其他部位，比如胃肠、皮肤和免疫系统也相继出现问题。48 小时不睡觉，肚子会非常难受，有时胃部开始反酸，胃不好的人缺觉的话还会引起旧病复发，导致胃溃疡。对于女生来说，不睡美容觉就意味着皮肤干燥、细胞老化，48 小时不睡觉，则意味着皱纹、痘痘、粉刺、黑鼻头等一系列皮肤问题集体爆发。

如果坚持 72 个小时不睡觉，大脑则开始运转混乱，不仅速度变慢，还开始出现错误。说话语无伦次，颠三倒四，整个人变得神经质，脾气暴躁，为一点小事就大发雷霆，有时还会出现幻觉。如果你想体验一次精神病是什么感觉，大可坚持 3 天不睡，其结果和患病无异。

受影响第二大的是心脏。人在睡觉时，心脏仍然需要工作，但是和持续保持清醒的工作强度是不一样的。流行病学家经过调查指出，那些长期在夜间工作或者需要值夜班的人，患上心脏病的几率更高。因为久醒不睡会让心脏的血管内壁变粗糙，产生斑块，为冠心病埋下种子。

对一般人来说，每天睡不够七八个小时已经非常难受了。工作时哈欠连天，打不起精神，没有食欲，更没有活力。任何情况总有极端，1963 年，一位来自美国的 17 岁高中生决定进行一次疯狂的实验——拒绝睡眠。最终，这位勇敢的年轻人坚持了 264 个小时，在殴打了他最好的朋友之后，他终于决定睡觉了。11 天里，他出现了脾气暴躁、身体乏力、出现幻觉、浑身颤抖、说话没有条理等一系列状况，在经过一次 15 个小时和一次 10.5 个小时的睡眠后，他才恢复了正常，并且没有留下后遗症。

很显然，睡眠剥夺对人的大脑和身体都是灾难性的，不管是东方还是西方，一些哲学家和冥想者都认为，足够的休息时间才能保持头脑的清醒。然而，当代人在快节奏生活的催逼下，唯恐多一分钟的睡眠让自己失去机会，于是，全民陷入了失眠。飞行员在每班航行之间至少需要休息 8 ~ 10 小时，有时候因为飞机晚点，休息时间就被消耗掉了，则可能带来飞行隐患。公路上疲劳驾驶的后果已经非常严重了，飞行员疲劳驾驶的话，其悲剧性难以想象。

充足的睡眠固然重要，但睡得太多也没有什么好处。美国癌症协会发起的一项长达 6 年的调查显示，每晚睡 8 个小时的人比每晚睡 7 个小时的人死亡率更高。这次调查的样本非常大，共有 116 万人参加。参与者年龄跨度从 30 岁到 102 岁。问卷中，参与者需要填写每晚的睡眠时间，6 年后，研究人员对参与者进行回访，之后统计出不同睡眠时间和死亡率之间的关系。

抛开生活习惯、健康状况和其他环境因素，调查显示，每晚睡 7 个小时的人死亡率最低，其次是每晚睡 6 个小时的人，而每晚睡 8 个小时的人比每晚睡 7 个小时的人在死亡率上高出 12%。这一结论引来了许多争议，毕竟"睡得多、死得早"这样的结论不太符合人们的常识。这项调查结果只能反映睡眠时间和死亡率存在相关，两者是否存在因果关系，还需要进步一研究证实。

第四章
颠覆常识的心理学

　　人们津津乐道地讨论着有关鬼怪的故事、传说，甚至包括自己的亲身经历，然而，科学界对鬼魂的存在一直有争议，并不能说鬼魂真的存在，只是当时的科学难以对所有的超自然现象给出合理的解释。后来，一些心理学家尝试从物理学机制和心理学暗示方面找到突破点，结果发现，所谓的撞鬼不过是人类在自己吓自己。

梦究竟是怎么回事儿

2001 年 2 月，著名神经科学家艾伦·霍布森脑干中风。霍布森向来以研究睡眠和梦境著称，中风之后，在大约 10 天的时间里，他不能睡觉，也不能做梦，突然间，霍布森想到自己中风的位置和他曾经在睡眠实验中解剖的猫脑位置相同。不知是报应还是巧合，于是，霍布森决定以自己的大脑作为实验品，好好研究一下。

最终他发现，大脑皮层任何一处微小的损伤，都有可能导致梦的消失。比如中风、脑瘤或其他大脑皮层受伤，都会影响梦的情境。如与颜色、运动相关的大脑皮层区域受伤，将会导致梦中的色彩、运动场景的消失。此外，调控多巴胺（一种神经递质）水平的药物也有可能影响梦境。一种治疗帕金森病的药物会增加梦的发生频率，而一些抗精神病药物则会降低梦的频率。

在此之前，霍布森已经和梦境打了 30 多年的交道了。他是哈佛医学院的教授，也是《做梦的大脑》、《睡眠》、《梦的新解》等著作的作者，将所有的学术精力都用来研究大脑和梦境，研究梦境控制方面，尤其是梦的解析和酝酿，并提出了与前人完全不同的观点。"你的大脑不是一台摄像机，或者录音机，它是一个作家，一个导演，一个世上最富想象力的器官"，这句话是霍布森的名言。

比弗洛伊德时代更早时，人们就开始寻找梦境和现实之间的关系。所谓"日有所思，夜有所梦"，梦境一直被看做是对生活的回应。白天发生的事，萦绕脑际的事，到了夜间会以梦的形式反映出来。弗洛伊德认为，梦中的不良感受是压力和冲突的释放，释放的方式可能是间接的，以伪装的形式出现。他还将梦境和泛性论结合到一起，将梦中出现的各种情境解释成神经症或性压抑。

在后弗洛伊德时代，关于梦的讨论一直很激烈。作家、诗人、精神分析者认为，梦境代表了被压抑的、隐含的意思，是人类表现真实内心的又一途径；神经学家、脑科学家、睡眠学家则认为，梦境不过是大脑新陈代谢的产物，没有任何意义，更没有预言未来的功能。

霍布森最初并没有选择站在哪一边，他反对用"梦的解析"的方法来分析梦，另一方面，他认为梦不仅是人类心理活动的表现，同时也是人类生存的必需。霍布森考虑，是否存在恰恰相反的情况呢？梦有没有可能是对未来可能发生的事件的预演。

他曾经做过这样的梦，在一个奇怪的房间，烟灰缸上有一支正在冒烟的雪茄。当他意识到自己在做梦时，他拿起了雪茄放在鼻子附近，结果，浓烈的雪茄味将他呛醒了。霍布森这样做是为了证明，在梦境中除了视觉形象，还包括嗅觉。这个梦境构成他研究梦的立场——梦的形式可以研究，但内容并不重要。

1973 年，艾伦·霍布森和他的同事完全抛弃了精神分析的观点，在实证研究的基础上提出了自己的理论。他们认为，梦源自脑部随机激发的电脉冲，这些脉冲从记忆深处的各种经历中提炼出影像。他们假定，这些影像并没有构成梦醒时尚记得的"故事"。与此相反，是清醒状态的意识为弄清这些影像的意义，在毫无觉察的情况下编造了这些故事——原因很简单：大脑希望弄清它到底经历了什么过程。这个理论被称作"激活－合成假说"。

霍布森等人的说法和传统精神分析学派对梦的解释完全不同，因此，研究梦的学者们之间产生了巨大的分歧。不过，这一理论貌似经受住了时间的考验，到目前为止，还是一个比较重要的理论。

霍布森将重点放在梦的形式而不是内容上，结果发现，不同人的梦境，甚至同一人的梦境竟然出奇的相似。所谓梦的形式，指的是意识、注意力、智力、感官、认知、记忆，等等。人之所以会忘记自己的梦，是因为做梦是大脑的一种热身运动。就像跑步一样，身体不记得跑过的每一步，但它的确锻炼过了。

梦境可能揭示生活里的某些重点，但是并不能隐藏秘密，更不需要弗洛伊德的解梦方法来告诉你，少女梦见了工厂边上的烟囱代表了某种性的隐喻。梦境就是梦境，梦到火车晚点，飞机延误，是因为生活中的确发生过这样的事。梦境中与某人相遇，心情非常愉快，代表你喜欢这个人；梦境中一次糟糕的邂逅，是因为不喜欢或者害怕这个人。一位教师梦见自己在课堂上赤身裸体，一位母亲发现刚出生的儿子从婴儿车里消失了，这没有什么隐喻，只是反映了现实生活中的焦虑。

霍布森说，研究睡眠是为了理解清醒的状态，研究做梦是为了理解发疯的状态。在快速眼动睡眠期间，脑干（人类进化史中没有变化的部位）会随机产生电信号，控制大脑，影响情绪、运动、听觉和视觉，从而形成了梦。在快速眼动睡眠阶段，大脑的状态和焦虑、愤怒的梦境相连。快速眼动睡眠出现在进化末期，而且只有哺乳动物和鸟类有这一阶段。可以说，快速眼动睡眠对进化有所帮助。

梦一般都是不愉快的。梦中伴随着许多情绪，而且焦虑、愤怒的情绪要比快乐多很多，噩梦便是这些糟糕情绪的表现。不要觉得这些坏情绪很糟糕，梦境中的坏情绪，或者噩梦中的情绪，对人类生存有很大的意义。通过在大脑中的演练，梦里的不良情绪只是为现实中的不良情绪做了准备，帮助人们应对未来可能遇见的坏情绪。此外，梦境还能帮助人实现在现实中无法实现的愿望，盲人在梦中能够看到，聋哑人在梦中能听到，残疾人在梦中能走路……梦创造了幻象，说明大脑具有自动创造的能力。

"真是撞鬼了？"

　　根据古代传说，人死后，灵魂离开尸体，变成鬼魂。鬼魂喜欢在黑暗处出没，在怨气较重的地方出没，尤其是发生过命案的地方，经常出现闹鬼的传说。由于环境幽静，灯光昏暗，容易形成神秘感，留下想象空间，因此，闹鬼、撞鬼之说从古至今没有断绝过。

　　古今中外都有关于撞鬼的记载，某些地方甚至因为经常闹鬼成为阴森恐怖之地。英国伦敦的汉普顿宫就因经常闹鬼而闻名。英王亨利八世的第三任妻子简·西摩在汉普顿宫难产而死，之后便有人看到她的鬼魂出现在王宫的庭院里。亨利八世的第五任妻子凯瑟琳·霍华德与人通奸，后被砍头，凯瑟琳死后，有人看到她的鬼魂身穿白衣在走廊里飘荡，凄惨的叫声在穹顶回响。此外，汉普顿宫里还有一位身穿蓝衣的女鬼，她在四处寻找自己的孩子，身后还跟着一条狗的鬼魂。

　　人们津津乐道地讨论着有关鬼怪的故事、传说，甚至包括自己的亲身经历，然而，科学界对鬼魂的存在一直有争议，并不能说鬼魂真的存在，只是当时的科学难以对所有的超自然现象给出合理的解释。后来，一些心理学家尝试从物理学机制和心理学暗示方面找到突破点，结果发现，所谓的撞鬼不过是人类在自己吓自己。

　　2001年，英国心理学家理查德·怀斯曼领导的研究小组进入汉普顿宫，进行为期 5 天的调查。他们在宫廷内设置了多个温度感应器，连接一台热成像仪，一位自称是凯瑟琳·霍华德转世的女子也参与其中。一天早上 6 点，监控设备出现了异常。热成像仪显示，有人出现在宫廷的一条走廊上，自称凯瑟琳转世的女人说，那是亨利八世的臣子。几秒钟后，此人走到柜子里，取出吸尘器，开始打扫卫生。原来，所谓的鬼魂是负责王官清洁的工人。

后来，怀斯曼调查了许多闹鬼的地方，发现心理学上的暗示让那些容易受暗示的人体验到奇怪的感觉，他们自然将感觉到的奇怪现象归结于鬼魂，相反，那些一开始就不相信鬼魂存在，或者受暗示性低的人并没有觉察出异常。

而且，有过一次撞鬼经验的人今后撞鬼的几率更大。并不是因为他们变成了鬼魂青睐的对象，而是由于恐惧。撞鬼的异常体验会让人极度恐惧，从而变得警惕性高，对细微动静非常敏感。窗帘的飘动、木板发出的"咯吱咯吱"声都会让他们联想到鬼。人在高度焦虑、紧张的情况下，更容易出现极端的感觉，甚至是幻觉。

怀斯曼在试验中总结出三点：想象力丰富的人更容易看到鬼；轻易被催眠的人更容易看到鬼；周围环境中次声波较强时，人们更容易看到鬼。想象力丰富、容易被催眠的人对鬼魂的存在更敏感。传说中闹鬼的地方出现过许多人，但是大多数人没有感受到任何灵异现象，当想象力丰富、容易被催眠的人走到同样地点时，马上就会感觉不大对劲，好像真的有诡异的东西存在一样。当出现奇异感觉时，他们会马上联想到鬼魂就站在自己身后，或者藏在黑暗的角落里。这种暗示会直接引起身体的变化，比如脖子后面汗毛倒竖，突然感到浑身发冷。

美国心理学家詹姆斯·赫安收集了近千个撞鬼的案例，结果发现，自称撞鬼的人并没有看清鬼魂的真实模样，有的人只是在起床或入睡时看到某种形象，有时是一闪而过的白光，有时是一缕青烟，有时是一个移动中的黑影。其中，1/3 的人听到声响，比如脚步声、嘀咕细语；1/3 的人闻到花香、烟味，感到脊背发凉。

赫安曾经在一个废弃的剧院中做实验。他将被试分为两组，第一组被告知这个剧院经常闹鬼，第二组被告知剧院正在装修，他们只需要进去走一圈，报告每间房间的舒适度就可以了。结果显示，第一组被试在剧院中体验时出现了诡异的现象，第二组被试却没有感觉任何异常。在另一个实验中，赫安找到了一对夫妇，让他们记录一个月内家里发生的不寻常的事。一个月内，这对夫妇碰到了 22 件奇异的事情，包括电话故障；听到鬼魂嘀咕他们的名字；架子上的巫术面具莫名其妙地移动了位置……

赫安通过调查发现，那些经常闹鬼的房子多数漏风。外界的空气流动进入房子，造成室内的温度变化，有时会发出声响，让人产生闹鬼的感觉。排风扇发出的低频声波会引起人的眼球共振，令人产生幻觉，不明所以的人就以为自己撞鬼了。另外一些撞鬼经验，比如睡眠中的"鬼压身"则是睡眠瘫痪造成的。

很多人都有过"鬼压身"的经历，意识处在半睡半醒的状况，眼前出现各种各样的幻觉，还能听见周围的声音。可是，不管自己怎么用力，就是睁不开眼，也喊不出声音，想要翻身起床，却一动也不能动。挣扎几分钟后，终于醒来，觉得全身很累，有时甚至满身大汗。醒来之后，很多人会觉得害怕，好像自己被什么不明物体压制，因此有了"鬼压身"的说法。

调查显示，超过 50% 的人体验过"鬼压身"，科学家已经界定，这种现象和鬼魂无关，而是生活压力过大，作息时间不规律，经常熬夜，失眠以及焦虑导致的。因此，"鬼压身"有了一个更科学的名号"睡眠瘫痪症"。

人在睡眠时会进入不同的睡眠阶段，其中快速眼动睡眠阶段是人进入熟睡，并开始做梦的周期，睡眠瘫痪症也在这时出现。这时，除了呼吸机和眼肌，人体肌肉全部处在低张力的状态，当意识醒来时（由于内在或环境的因素），肌体的肌肉仍然停留在原来的状态，身体不听大脑的指挥，加上恐惧的幻想，就出现了睡眠瘫痪。

加拿大滑铁卢大学的研究发现，仰卧的睡姿特别容易诱发睡眠瘫痪，仰卧时口腔内的软腭下坠，容易堵塞呼吸通气，激活沉睡中的大脑皮层，另外，被子过厚或睡觉时手放在胸口上，晚饭过饱等都是睡眠瘫痪的诱因。

从物理学方面分析撞鬼现象，似乎更容易让人接受。有人曾经亲眼见到一把花剑在地板上疯狂地抖动，当事人是一位电气工程师，他并不是相信是鬼魂导致花剑运动，而是存在相应的物理条件。经过查证，他发现是排气扇产生的次声波作用在花剑上，导致其剧烈震动。建筑物里的次声波很可能是由强风吹过打开的窗户引起的，也可能是嘈杂的交通环境造成的。

火箭发动机在火箭发射过程中会产生强烈的次声波，这些次声波很可能对航天员造成影响。20世纪60年代，NASA通过实验证明，次声波会引起人的胸腔震动、影响呼吸，并让人产生作呕、头疼和咳嗽等现象。此外，特定频率的声波也会引起眼球的震动，导致视觉扭曲，还能移动微小的物体，让烛光闪烁不停。

不管科学家、心理学家对鬼神之说给出多么合理的解释，有些人依然对超自然现象充满崇敬和畏惧，宁可信其有，不可信其无。即使科学能够说清楚来龙去脉，对于某些连续发生撞鬼事件的地方，人们往往无法获得完整的信息，或者最原始的信息早已经被人筛选过了。这也是直到今天鬼魂不散的原因之一。

英国牛津大学心理学家贾斯汀·巴雷特将人的撞鬼经验解释为大脑负责与人沟通的区域过于活跃，这个功能原本帮助人理解对方行为的背后原因，过于活跃后，一些没有意义的刺激也被关注，就出现了无法解释的现象。

在一个经典的心理学实验里，被试观看屏幕，屏幕上的盒子里有长方形、三角形和圆形，它们在盒子里进进出出，结果，人们竟然将毫无意义的图形移动变成了故事：圆形与三角形相爱，长方形要抢走圆形，遭到三角形的报复，最后三角形和圆形过上幸福的生活……

人总是无法接受没有意义的事物，即使表面上看似毫无关联，人脑也会猜测背后的联系，将看到的事情当成是冥冥之中自有安排。比如说，中了大奖就是上帝保佑，身体生病就是魔鬼作祟，窗户忽闪忽闪地响就一定是鬼魂出现。

说简单些，鬼是人造出来的。除了人类对大自然的不理解而产生的崇敬之外，也反映了人的心理需要。在古代社会，人类是因为恐惧而群居在一起的。人们因为对大自然，对野兽的恐惧，才会聚集在一起，相互关切、相互支持。换句话说，对鬼的恐惧强化了人际关系。另外，鬼是一种象征，代表死亡或可能引起死亡的力量，生之为人，最怕的就是死，因此，对鬼的恐惧实际上是对死亡或与死亡有关的某种威胁的恐惧。

因为笑，所以开心

曾经有心理学家设计过这样一个实验：他们设置了 3 个温度不等的房间。第一个房间的温度是 33℃，被称作热室，在热室里，人们会感到燥热，浑身都不舒服；第二个房间的温度是 20℃，被称作温室，这个房间温度适宜，待在里面的人会感到很舒服，没有不良感觉；第三个房间的温度是 7℃，被称作冷室，待在这个房间里稍会让人行动瑟缩，感到不适。

实验者将被试随机安排在 3 个不同温度的房间进行书面测试。测试完毕后，由另一个实验者对他们的答案进行评价。这个实验者十分挑剔，有时甚至做出带有侮辱性的评价。在每个被试的房间内都装有一个电钮，在被试听取实验者的评价之后，他可以按动电钮使实验者受到电击的痛苦，以此作为惩罚。实际上，电钮连接的不是实验者，而是一个事先录好人惨叫声的录音机。

实验结果为：热室中的被试不停地按动电钮，甚至不管实验者说出的话是正确的评价还是使人恼怒的话；冷室中的被试，只有实验者说出他们认为不公正或者带有侮辱性的话时才会按动电钮；温室中的被试没有人惩罚实验者。由此，心理学家得出结论：人的情绪和所处环境的温度有关。

这正是著名的"詹姆斯－兰格理论"，看过这个实验，或许你暂时还不清楚该理论到底要讲什么。那么，我们从几个常见的问题开始吧。生活中，每个人都会发笑，都会哭泣，你是否曾经思考过，我们是因为高兴而发笑，还是因为发笑而高兴？是因为悲伤而哭泣，还是因为哭泣而悲伤？詹姆斯和兰格两位心理学家就思考过这个生活中非常常见的问题。

詹姆斯说："我们知觉到让我们激动的对象，立刻就引起身体上的变化；在这些变化出现之前，我们对这些变化的感觉就是情绪。"他还说："那些刺激我们的对象并不能立刻引起情绪。知觉之后，情绪之前，必须先有身体上的表现发生。所以更合理的说法，乃是我们因为哭，所以愁；因为动手打，所以生气；因为发抖，所以怕。并不是我们愁了才哭，生气了才打，怕了才发抖。"詹姆斯认为，情绪只是对于一种身体状态的感觉，而引发这种感觉的原因则完全来自身体，而非外界。因为远在丹麦的心理学家兰格在同一年思考了这个问题，因此这一理论就被称为"詹姆斯—兰格理论"。

一般来说，人们会认为是情绪引起了人的行为反应，也就是说，人们是因为悲伤才会哭泣，因为恐惧才会发抖，但是，心理学家的实验证明了与之相反的观点。正如詹姆斯和兰格的看法，人们是因为哭而悲伤，因为发抖而感到恐惧。日本人对面目表情的训练也充分运用了这一理论。

日本出产销往全世界的电器和汽车，而日本人做生意的能力也是举世公认的。但是，由于日本人强烈的东方民族特性，他们不善于表露自己的情绪，甚至不喜欢在谈合同的时候对着客户微笑。所以，但凡和日本人合作过的欧美人都有一个共同的感觉——日本人做起生意来压抑而刻板。

由于日本的贸易伙伴多是来自欧美的西方人，而西方人天生外向、善于表达的性格也让日本人觉得非常不适。为了能够在贸易合作中更好地表达自己的情感，日本的企业家想了很多办法，其中之一就是训练职工的笑容。

在一个大型公司的办公室，下班之前的半个小时里，所有职员都停止工作，开始练习微笑。每个职员的手里都会拿着一根筷子，所有人将筷子横咬在嘴里，固定好脸上的表情后，再将筷子取出来。这时，人的脸部基本维持在一个微笑的状态，再商谈合作的事宜，就会给人微笑的感觉了。

虽然很多人会觉得这种做法非常好笑，并且显得更加刻板。然而，这种做法却有着坚实的心理学研究依据。一百年来，"詹姆斯－兰格理论"遭到了来自后人的诸多批评，然而这一理论能够始终得到人们的关注，并且持续至今，至少说明它在情绪产生的理论中仍有一席之地。它首先提出了行为与情绪之间存在的关系，后来的发展也渐渐弥补了这一理论在某些方面的片面和不足。

模棱两可，百试不爽

　　下面这段话符合你吗？

　　"为人开朗、热情，即使内心有点害羞，表面上依然能表现得自在、大方。愁眉苦脸只给自己看，即使伤心，也不会摆在别人面前，偶尔向朋友吐吐苦水，真正的眼泪只有自己看得到。过度自信，因此常常冲动行事，行动失败后又毁掉了自信。很看重团体中的角色，因此愿意承担更多的责任。说话直接，很少拐弯抹角，诚实的孩子，一旦说谎就会被人察觉。不善于处理细节，但很踏实，不劳而获并非个人信仰。"

　　好，接下来看下面这段话符合你吗？

　　"温柔，娴雅，喜欢快快乐乐的生活，需要忠贞不渝的爱情和友情。随和、顺从，品格正直，平易近人，富有人格魅力和艺术灵感。会为微不足道的事情感到惊慌不安，习惯躲开矛盾，开辟和解之路。言行举止非常有分寸，不急不躁，富有合作精神，有时显得优柔寡断，不够坦率、难以理解。由于过分追求高雅的生活，希望得到别人的钦佩和赞扬，因此有些机会主义，不专心，缺乏坚定意志。"

　　读完这两段话，你是觉得段落一比较符合自己的情况，还是段落二比较符合呢？还是你觉得这两种情况都很符合自己，"我为人开朗，而且随和、顺从、品格正直啊！可是，说话好像也没有那么直接，没有那么优柔寡断吧！"是不是觉得，段落一中有符合的条目，段落二中也有符合的条目，好像说的都是自己，又好像都不是？

其实，段落一是星座测试中对"白羊座"的解释，段落二是对"天秤座"的解释。这会儿是不是要纠结，自己究竟是白羊座，还是天秤座呢？抑或者，两个都不是，其实我是水瓶座！如果你翻开 12 星座测试，从摩羯座到射手座通通看一遍，就会觉得自己好像哪个星座的特点都有一点，而哪个星座的解释都没有 100% 符合自己的个性。这就是心理学中说的"巴纳姆效应"。

1948 年，心理学家伯特伦·福勒验证了一种心理学现象：每个人都很容易相信一个笼统的、一般性的人格描述，并且坚信这一描述特别适合他。即使描述的内容十分泛泛，非常空洞，仍然认为反映的就是自己的人格面貌。美国一位著名的马戏团艺人菲尼亚斯·泰勒·巴纳姆曾经用一句话概括这一现象：任何一流的马戏团应该有能力让每个人看到自己喜欢的节目。后来，心理学家保罗·米尔将这一现象命名为"巴纳姆效应"。

为了验证巴纳姆效应的确存在，后来的心理学家不断设计实验，试图得出自己的结论。心理学家艾森克在 1000 个孩子中调查性格和星座的关系，结果发现，孩子在外向和神经质这两个特质上，和星座一点关系都没有。接着，艾森克将调查对象定为成年人，结果却非常符合占星术的说法。

很显然，出生时的星座和人的性格无关，成年人因为了解星座与性格之间的关系，因此主动朝着某一星座特质发展，也就是说，水瓶座的人会不自觉地按照水瓶座的描述塑造自己。实际上，星座描述非常概括，而且大部分是褒义的，试问，谁不喜欢听到欣赏自己的话，谁不希望自己是优雅的、独立的、天性向往自由的人呢？

一位心理学家用明尼苏达多项人格调查表（MMPI）进行测试。被试答题完毕，研究人员拿出两份结果，一份是被试的，一份是多数人的平均结果。最后发现，大多数被试选择的不是自己的结果，而是平均结果，他认为那个结果的描述更符合自己的人格特征。

许多人格描述就像是一顶套在谁头上都合适的帽子。"你很需要别人喜欢并尊重你"，谁不是呢？"你有许多可以成为你优势的能力没有发挥出来，同时你也有一些缺点，不过你一般可以克服它们"，谁不是呢？"你喜欢生活有些变化，厌恶被人限制。你以自己能独立思考而自豪，别人的建议如果没有充分的证据你不会接受"，谁不是呢？

如果你是一个笃信星座，笃信血型的人，让算命先生帮忙看新年运势，让塔罗女王测算未来一年会不会有艳遇，会不会咸鱼翻身，现在告诉你说，星座、生肖、血型神马的不过都是利用"巴纳姆效应"，随机而笼统地说一些泛泛的解释，毫无独立见解和个人特色，更没有预测未来的功能，你会不会陷入崩溃？如果不是，我们再来看一个真实的星座测试实验。

一批研究人员曾经将一个杀人犯的出生日期寄给一家星座报告公司。这家公司自称能够用高科技软件分析一个人的星座，而且收费不菲。几天后，杀人犯的星座报告出来了。其中包括适应能力好、富有智慧、具有创造性、有道德感等个性描述。星座报告预测，在未来的某一年，这位当事人会对感情生活做出承诺。实际上，这位杀人犯已经因杀人罪被处以死刑。

这份研究报告还不是有史以来最可笑的星座分析。研究人员还请星座爱好者分析了希特勒的星座。这些人在并不知道希特勒出生日期的情况下继续猜测，有人说，希特勒是阴险狠毒的天蝎座，也有人说，希特勒是完美主义的处女座。事实是，希特勒的具体生日是 1889 年 4 月 20 日晚上 6 点半，由于那一天处在白羊座和金牛座的交替时间，他到底是哪一个星座目前存在争议。不管是白羊还是金牛，都和星座爱好者猜测的结果没有关系。

对于算命先生和星象大师来说，模棱两可的套话是他们生存的基本技能，即使在"巴纳姆效应"出现几十年后，星象学依然如火如荼地发展着。

如果你仔细观察，会发现他们有一个语言模式，就像武术的套路一样，到什么地方用什么劲儿，一切都是安排好的。

相面大师说的话总是很有道理，好像一下子就被说中了。仔细分析就会发现，大师的话范围很广，概念很模糊。时间通常是"最近"或者"最近三年"，事情通常是"好事"、"坏事"，殊不知，最近可能是最近一周，也可能是最近一个月，好事和坏事的概念也很模糊。如果有人存心刁难，在大师说出"你最近三年生过病"之后，多问两句，那我生过什么病？哪一年生的？病了多久？怎么治好的？大师一定会被你问得哑口无言。

只有人类会撒谎吗

从《物种起源》开始，人类就和大猩猩扯上了关系。大猩猩和人类的确有许多相似之处，有许多类似人类的习惯。比如入睡前发出咋舌声，好像在互道晚安；利用手掌和树叶放大声音；用树叶做手套或餐巾；用木棍戳入树洞，寻找昆虫；用长满叶子的树枝拍打昆虫或取水……

最新的研究证明，大猩猩的 DNA 编码序列和人类的 DNA 编码序列的相似度达到了 99.4%。大猩猩和人类最大的区别就在于语言。它们不能自如地谈吐，是因为它们没有完整的发声系统。但是，大猩猩的眼睛会说话，而且会用表情传递信息。大猩猩能够通过手势表达自己的意愿，在嬉戏时，它们甚至能用手势指示雌猩猩的行为。实验证明，撒谎并不是人类的专利，大猩猩也可以做到。

珍妮·古道尔在研究大猩猩时，就发现了它们的撒谎行为。一只大猩猩找到了一些可吃的东西，它会将食物隐藏起来，然后对同伴撒谎，用声音和动作表示"这里没有可吃的东西"。把同伴骗走之后，再偷偷享用食物。一家动物园的大猩猩曾玩过捉弄饲养员的把戏。它假装被铁笼的铁夹夹住了，当饲养员赶去救它时，它突然放开手臂，将饲养员抱住。原来，猩猩用这个苦肉计，目的是为了找个人陪伴自己，就像孩子为了吸引父母的注意而假装肚子疼一样。有时候，大猩猩会含一口水在嘴里，若无其事地走来走去，靠近目标时，就会喷人一脸水，有时候，连经验老到的驯兽员都会上当。

大猩猩、狗和豺狼会撒谎，鸟和昆虫也会撒谎。它们撒谎是为了误导人类或同类，自己从中取利，通常是食物。一只狗因为折断了腿，得到主人的悉心照顾，当它的腿伤痊愈后，主人便不再那样照顾它了。这时候，狗会假装腿部受伤，甚至用 3 只脚走路，吸引主人的注意，结果它重新得到了主人的关爱。狐狸有一个特性和其他动物不同。母狐狸常常和幼崽争食，母狐狸发现食物后，会发出虚假的信号，将幼崽吓跑，这样它就可以第一个扑向食物。

青蛙也是会说谎的动物之一。经过一个池塘，听到蛙声一片，如果仔细观察，会发现一些体型较小的青蛙在滥竽充数。会叫的青蛙都是雄性的，它们通过叫声向其他雄性同类宣告自己的强大，警告他们不要侵犯自己的领地。通常情况下，体型越大的青蛙，叫声就越低沉。一些小型的雌性青蛙不能发出低沉而雄厚的声音，就故意压低叫声，造成自己体型强壮的假象。这种谎言是它们战胜同类的方法之一。

甲壳类动物也会撒谎。雄性口足目动物会用钻洞来吸引雌性，也有一些懒家伙钻到别人的洞里，把主人赶出去，用别人打的洞吸引雌性。这样做非常危险，因为口足目动物身上长有类似爪子的刺，可以当做攻击的武器。不过，流血伤亡事件并不经常发生，即使发生冲突，雄性口足目动物也只是举起身上的刺，虚张声势一下。

大象的欺骗行为比较隐秘。动物研究人员在华盛顿公园的动物园发现，大象在进食时的会欺骗同伴，获取更多的食物。进食时间到了，饲养员会给每头大象一捆干草，其中几头大象在吃完自己的那份后，会悄悄走到吃得慢的同伴身边，对着它晃动自己的鼻子。动物园的游人可能将其看做大象在消磨时间，研究人员经过长期观察发现，晃动鼻子的大象会慢慢靠近吃得慢的大象，然后吃掉对方没吃完的干草。对于这么明显的偷窃，对方并不能马上察觉，因为所有的大象都是高度近视。

20世纪70年代，来自斯坦福大学的发展心理学家弗朗西·帕特森尝试训练两只大猩猩，教它们一些简单的手语。这两只大猩猩一个名叫迈克尔，一个名叫可可。大猩猩的内心世界和人类很像，帕特森认为，和它们讨论爱情和死亡也是有可能的。通过细致的观察，帕特森发现，迈克尔和可可在掌握手语，能够简单表达自己意图时，学会了一些撒谎的小伎俩。

有一次，可可弄坏了一个玩具，可是，它用手势表达弄坏玩具的人是一名驯兽师。还有一次，迈尔克弄坏了驯兽师的夹克，当驯兽师质问它时，它将责任推到了可可身上，驯兽师怀疑它的答案，接着迈尔克又将责任推到了帕特森身上。再三追问下，迈尔克终于放弃抵抗，承认是自己弄坏的。和大象偷吃干草相比，大猩猩由于具有沟通能力，它们的骗术更加高明。

帕特森如此解读大猩猩的行为引发了激烈的争论。支持者认为，迈克尔和可可能够表达自己的想法和感受，它们的欺骗行为是经过预谋的；反对者则认为，大猩猩的举动很可能是随机的，或者在之前类似的情景中出现过，它们的行为只是对环境的机械反应，和偷吃干草的大象没什么区别。

大象无法像人类一样清楚地表达自己的感受，大猩猩的行为可能受到环境影响，并且被人类错误解读。于是，人们只好将研究对象转向人类——孩子。实验人员将小孩子带入实验室，要求他们面壁站好，然后告诉他们，在他们身后有好玩的玩具。实验人员将玩具放好，告诉孩子说，"我们要离开一会儿，你们不可以回头偷看"。

实验人员离开实验室，隐藏起来的摄像机会拍下孩子们的行为。当实验人员回来后，会询问有谁偷看了玩具。结果，在已满3周岁的孩子中，一半的人选择撒谎，5岁的孩子全部都会偷看，并且全部撒谎。人类从学会说话的那天起就学会了撒谎，对于这一点，孩子的父母感到非常惊讶，他们甚至无法分辨自己的孩子是否在说谎。

纵观各类动物的谎言，会发现一切都是为了进化服务的——人类的谎言更复杂一些，我们将在下文谈到。在进化过程中，真相和谎言是并行的。欺骗会破坏动物之间的信任，但也促进了自然选择的过程。即使有小型青蛙在叫声中滥竽充数，青蛙种群仍然相信，叫声低沉的青蛙一定体型巨大，当一只青蛙面对一群青蛙时，这一技巧的功效会非常明显。

当然，诚实的行为对发送和传递信息的双方都有好处。比如，动物给同类发出警告信号；雄性动物在搏斗中显示自己的力量；幼崽给父母发送信息，告诉它们自己的危险处境……但是，诚实有时候会让骗子有机可乘。比如一些鸟类用假警报来驱赶同类，从而独享美食，会使用骗术的鸟类能够独占更多的食物，哺育更多的后代；诚实的个体则会失去食物和哺育更多后代的机会。可以说，鸟类经过了这么久的进化历程，生存下来的骗子多，诚实的个体都死在进化的路上了。

我们为什么会有偏见

　　在一档非常火爆的相亲节目上，单身女生表达自己态度的方式就是亮灯或者灭灯，而她们做出选择的诱因往往就在于男嘉宾出场后的第一印象。有一次，一位个子矮小、皮肤黝黑的男嘉宾走上台后，由于过分紧张导致说话语无伦次，举止奇怪，结果尚未进行自我介绍，已经有女生将面前的灯灭掉。在主持人的询问下，有的女生觉得男嘉宾整体看起来没有气质，看着很窝囊；有的女生会觉得他胆小，心理素质差；还有的女生竟然说男嘉宾长得很猥琐。总之一句话，各位女生对男嘉宾的第一印象太差，以至于刚刚见面，就有近10位女生选择了放弃。

　　随着了解的深入，大家对这位男嘉宾又产生了相反的态度。这位男嘉宾毕业于清华大学建筑系，目前正在本校攻读博士学位。在上课之余，他和两个同学一起开办了一个建筑设计工作室，目前公司刚刚起步，正在做一个国家级的项目。听到这里，刚刚灭灯的女生纷纷觉得后悔，剩下的女生则开始表现得非常活跃。有人觉得男嘉宾黝黑的皮肤显得很健康；有人说不善言辞的人一定很内秀；有人则直接对男嘉宾表达了爱慕，还信誓旦旦地说可以和他一起创业……

　　然而，当节目进行到最后一个环节，男嘉宾说出了真相之后，更多的女嘉宾再次选择了灭灯。他说："我原本在北京买了房子和车子，可是为了把公司做起来，我抵押了房子，卖掉了车子，将所有的积蓄都投到了工作室上，如今我住在 20 平方米的合租公寓中，正在做公司最大的一个设计项目。"

节目的最后，虽然有两位女生选择相信他。然而，男嘉宾哪个都没有选，他说："梦想让我感觉活得很实在。我打算回到我的出租公寓，实现了我的梦想之后再来。"

从这个故事中，我们看到了女嘉宾态度的几度转变，也在男嘉宾循序渐进的叙述中更全面地了解了这个人。与此同时，我们也可以发现人物内心的认知活动对外在态度和行为的影响。当男嘉宾紧张兮兮地站在台上时，众女生受到"首因效应"的影响，分别给出了负面的评价，并且放弃了选择的机会。当进一步了解男嘉宾的学识背景之后，尚未放弃的女生又受到"晕轮效应"的影响，从观望转变成主动出击。可以说，女生们态度、言语发生变化的过程，就是她们对男嘉宾的认知不断变化的过程。

认知偏差会在特定的电视节目中出现，也会在日常生活中出现。有人会把对方的沉默当做内向，而不去考虑那可能是他拒绝的一种方式；有的人将女孩的回眸一笑当成了以身相许，而不去考证那可能只是随意的一个表情。说"他人即地狱"的人高估了环境中的危险；说"老子是天下第一"的人高估了自己的能力。这些都是认知偏差导致的。

学识广泛或者有一定生活积累的人会轻易地辨识出生活中的认知偏差，但是如何解释它，就连心理学家也觉得棘手。经济学家认为，大脑通常采用简单的程序应对复杂的环境，因此出现差错在所难免；社会心理学家则认为，认知偏差是为了保持积极的自我形象，为了保持自尊和良好的自我感觉。

不过，进化心理学家却认为，认知偏差是人类在进化过程中通过自然选择习得的一种认知方式。当人们需要以"试误"的方式认识世界时，如果不犯这种错误，就会犯那种错误，人们自然就会选择犯代价低一点的错误。比如，一个人采到了一个蘑菇，在不知道蘑菇是否有毒的前提下，将它认知为有毒比无毒更安全。如果认为蘑菇有毒，扔掉它至多让自己饿一顿；如果认为蘑菇无毒的话，而万一恰巧蘑菇是有毒的，则可能要付出生命的代价。从这个角度考虑，或许我们可以认为，认知偏差不过是人类自我保护的一种方式。

被自己吓死的倒霉蛋

心理学家克拉特讲过一个例子，这个故事来自一场真实的法律诉讼。几个来自美国的大学生，大半夜的搞恶作剧。他们用一个布袋子将一个同学"绑架"了，并将他抬到了一个火车站，扔在一条废弃的铁轨上。这时，从不远处传来火车的轰隆声，被绑架的同学意识到自己的危险处境，开始挣扎起来，但他不知道，火车即将从他身边开过，但不是他正躺着的那条铁轨。

躺在地上的同学拼命地挣扎，可是，随着轰隆声越来越大，他却一动不动了。火车带着刺耳的声音从他们身边经过后，搞恶作剧的同学却发现，躺在地上的那人已经死了，他们的恶作剧闯了大祸。一个无心之失，竟然引发了一场悲剧。在接下来的法律诉讼中，死者的尸体接受了法医解剖，但是，法医并没有发现任何器官损坏。

这位同学到底是怎么死的呢？并非他杀，算是自杀吗？他又是以何种方式做到的呢？一时间，这个案子成为人们讨论的话题。心理学家克拉特没有参与讨论，相反，他利用这个时机，做了一个与之相关的实验。

克拉特将一只小白鼠放入装满水的水池中心。水中的小白鼠没有马上游到水池边设法逃生，而是在原地转圈，同时发出吱吱的声音。原来，小白鼠的胡须是一个方位探测器，小白鼠的叫声传到水池边，再反射回去，它正是以此判断水池的大小和自己面临的危险。了解了水池的情况后，小白鼠不慌不忙地游到岸边，成功逃生。

接下来，克拉特用另外一只小白鼠做实验。将小白鼠的胡须剪掉后，放入同样的位置。和刚才一样，小白鼠在原地转圈，发出吱吱的声音。由于方位探测器消失了，小白鼠无法接收反射回来的声波。不明情况的小白鼠陷入了慌张，几分钟后沉入水底，它淹死了。

心理学家认为，第二只小白鼠并非是淹死的，而是用意念结束了自己的生命，也就是意念自杀。所有动物在生命彻底无望的情况下，都会选择自行终止生命。当小白鼠无法掌控水池的环境时，陷入了求生无望的心理绝境。既然水池那么大，无论如何都无法成功逃生，小白鼠就选择了自杀。

另外一个心理学实验也证实了这个现象。实验者将被试带到一个空房间。被试坐定后，隔壁房间传来了阵阵惨叫，实验者说，这个实验的目的是为了测试人类忍受疼痛的极限。说着，实验者将被试带到一个窗口，在那里，被试可以观察到整个试验过程。

隔壁房间里，一名被试被绑在椅子上，旁边的炉火烧得通红。另一位实验者从火炉中夹出一枚被烧红的硬币，将硬币放在被试的胳膊上。"哧"的一声之后，被试的手臂升起一缕轻烟，房间里响彻着被试的惨叫声。硬币在他的胳膊上留下了一个烧焦的疤痕。

这个房间的被试在连续观看了几个这样的场景后，被带到试验的房间。和之前的被试一样，他也被绑在椅子上，并被告知，即将有一枚烧红的硬币烙在他的胳膊上。结果，这位被试在感受到一枚高温的硬币落在自己胳膊上的同时，一个三度烧伤的疤痕出现在他胳膊上。

其实，之前的实验都是假的，烧红的硬币，凄厉的惨叫，硬币大小的疤痕，都是实验者做出来给真正的被试看的。没错，那个从头至尾观察别人痛苦的被试才是整个实验真正的被试。实验者并没有将烧红的硬币放在他的胳膊上，他感受到的高温只不过略高于人体体温而已，绝对不可能造成三度烧伤。那么，被试胳膊上的疤痕是怎么来的呢？

既然不是外界因素，自然是内因，很可能是精神的力量。在强烈暗示的情况下，被试相信硬币放在胳膊上一定会出现疤痕，因此，当他感受到硬币的温度时，精神支配了肉体，使肉体出现了难以想象的反应。

另有一位电气工人，他每天在布满高压电器设备的工作台上工作，虽然已经采取了各种安全措施，他还是担心触电。这种担心让他显得神经质，工作时小心翼翼，生怕不小心踩到电线就一命呜呼了。有一天，他在工作台上碰了一根裸露的电线，当即倒地，暴毙而死，尸体的样子和触电而死的人一模一样。事后人们发现，他踩到的那根裸露电线并没有电流通过，这位电气工人并不是被电死的，而是被自己的意念杀死的。

这些实验或事实都在证明，人的精神是独立于肉体存在的，精神现象和肉体活动没有必然的联系。这种奇特的意念从哪里来，为何有如此强大的力量，人们至今无法解释。如果这个观点最终能够被证实，心理学家就要重新考虑有关灵魂是否存在的争议了。

有的人认为，意念自杀的力量来自大脑，因为大脑是产生思维、意识、知觉的重要器官。然而，一位无脑婴儿——他的整个大脑就像一个水袋——却活了 5 年，连医生都觉得诧异。他能看电视，在看到有趣情节时，还能发出笑声。而且，历史上也出现过头颅离开肉体后，依然能继续存活的例子。东德曾经发生过一起车祸，受害人当场死亡，身体遭到严重破坏，但是头部保存完好。于是，医生将他的头颅切下来，准备做科学研究。那颗头颅在离体 76 个小时后，一直发出脑电波，而且还能眨眼。3 天之后，头颅里的电子信号开始衰退，146 个小时后，它才完全停止活动。

这些说明什么呢？似乎又一次证明，人的精神现象和肉体没有必然的联系。这种观点和许多宗教中的灵魂思想暗合。道家认为，人的身体是一个炉，是用来修炼精神的，最终，人的精神会达到进化的目的。佛教中也有类似的思想，认为佛性可以支配肉体。那么，无数的科学实验都在不断印证宗教中有关灵魂的观点吗？至少目前是这样的。

基于意念自杀，心理学家加德纳反对将实情告诉癌症患者。根据他的调查，在所有死于癌症的病人中，有80%是被吓死的，剩下的20%才是死于疾病。加德纳认为，精神是生命的脊梁，如果一个人从精神上被击垮了，这个人的生命也将走向尾声。

或许真的如帕斯卡尔所说，人只不过是一根芦苇，是自然界最脆弱的东西。一滴水、一口气就可以致其死亡，然而，人又是一根能够思想的芦苇，人知道自己要死亡以及宇宙对他所具有的优势，而宇宙对此却是一无所知。人类对于灵魂具有一种伟大的观念，以致人们不能忍受它受人蔑视，或不受别的灵魂尊敬；而人的全部的幸福就在于这种尊敬。

记忆靠得住吗

人们很少怀疑自己，尤其笃信自己的记忆。记忆的确在生活中发挥着重要的作用，你能想象，一个短时记忆损坏的人是如何生活的吗？一个人失忆了，并不像电影里演的那样，仅仅不记得曾经的爱人，他会将有关过去的一切全部忘记。

正因为人们能够凭借记忆录下看到、听到、感觉到的一切，人们才将记忆用在一个至关重要的场合——法庭。在庭审中，证人的证词往往起到关键的作用，尤其是现场的目击证人，完全可以左右嫌疑人的命运。可是，人类对记忆的准确性过于自信了，超市购物时，买错了东西，算差了账不会造成严重的后果，如果不靠谱的记忆进入了司法程序，很可能会让无辜的人身陷囹圄。

证人，是能够提供客观证据的人。证人通常和受害人、嫌疑人都没有利害关系，因此，他们能够将亲眼看到、亲耳听到的事实讲出来。可惜，心理学研究证明，很多证人提供的证词并不是完全客观的，证人在回忆过去时带有个人观点。即使证人宣誓称，对自己的证词非常有信心，也只能证明证人不准备撒谎，但不能判定他的证词绝对准确。

2002年，华盛顿发生了一起枪击案。一位现场目击证人说，嫌犯驾驶一辆白色货车逃走了。媒体按照目击证人的说法进行报道，霎时间，全国警力都在搜寻白色的货车。然而，在嫌犯被捕之后，警察竟然发现他驾驶的并非白色货车，而是蓝色货车。很显然，媒体受到了目击证人的误导，目击证人的错误则来自记忆的不可靠。

为了证明证人证词的不可靠，心理学家珀费可特和豪林斯设计了一个实验。他们给被试看了一段录像，内容是一个女孩被绑架。第二天，他们要求被试回答一些有关绑架案的问题，同时要求他们说出自己对答案的信心程度。在回忆的准确性上，对自己非常有信心的被试并没有取得更好的成绩。

在常识性知识上，人是有自知之明的，比如，一个人对足球了解得多或少，能否在足球百科问答中取得好成绩，每个人对自己都有一个标准。从来不看足球比赛的人一定是没有用心的，相反，铁杆球迷必然信心十足。不过，在目击证人这件事上，人们并不能确定自己的信心程度。

美国加州大学尔湾分校心理学家伊丽莎白·洛夫特斯花了大量时间研究人的认知和记忆。她经常出现在法庭上，向陪审团讲解人类认知、记忆的程序，从而使得许多嫌疑人被无罪释放。洛夫特斯通过研究 200 多个案例得出结论，证人的记忆有可能受到他人暗示的影响，也有可能被外界信息的植入而改变。她花了几十年的时间，证明目击证人的证词是不可靠的。

下面是一起洛夫特斯参与过的案件。1984 年 9 月 9 日凌晨，一个陌生男子打开了 M 夫人家的窗户，他发现 M 夫人正在熟睡，于是心生歹意，打算强奸她。男子尚未得手，屋里的其他人醒了，男子落荒而逃。M 夫人报警后，向警方提供证词说，入室行凶的男子是一个黑人，体重约 77 千克，身高在 170 ~ 175 厘米之间，留着黑人特有的那种小辫，头戴蓝色棒球帽。

不久，在 M 夫人家附近巡逻的警察发现了一个符合以上体貌特征的男子。男子自称车子坏在半路，正准确找人帮忙重新启动车子。M 夫人认定他就是入室行凶的男子，于是，他被警察带走了。几个月后，法庭开始审理此案。

洛夫特斯以记忆专家的身份出庭，她选择为这位男子辩护。她认为，人的记忆非常容易出错，尤其是在应激状态和恐惧状态下，M 夫人很可能由于紧张、恐惧而影响判断力，记忆行凶男子相貌时出现了偏差。最终，这位男子被无罪释放。在她帮助的嫌疑犯中，这位名叫皮斯里的男子是第101 位。

洛夫特斯的工作获得了许多赞誉，同时也受到了诸多批评。她在宣扬记忆的不靠谱时，伤害了受害者，还可能放走了杀人犯或强奸犯。为此，洛夫特斯遭到起诉，被人攻击，还收到过死亡威胁。不过，她仍然为这项工作感到自豪。因为，新泽西州的高级法院已经颁布了新的规定，要求法官在庭审时提醒陪审团，证人的记忆力并不那么可靠，证词也有出错的可能。洛夫特斯接下来的目标是将新泽西州的经验推广到更多地方。

人们有一个普遍的共识。如果一个人能够记住非常微小的细节，比如墙纸的颜色、地毯上的花纹，说明这个人记忆力非常好。另外，人们还会认为，如果一个人能够流畅地回忆过去发生的事，这个人会是一个非常可靠的目击证人。然而心理学家认为，那些经历过重大创伤性事件的人，比如车祸、火灾、地震，他们的记忆已经发生了变化，内容丢失或者扭曲。最明显的是强奸案的受害者，由于受害者在身体和心理上都受到伤害，她们的记忆非常容易扭曲。

受害人往往不愿意面对那段可怕的记忆，甚至试图逃避，庭审时，经验丰富的律师往往会抓住受害人这一心理弱点，在庭审中故意强调现场信息，比如询问受害者"那你告诉我，嫌疑人穿什么颜色的衣服？如果连这个都说不清楚，让我如何相信你的证词"。受害者会因为恐惧、逃避而情绪失控，记忆混乱，陪审团则会怀疑她的说法。

　　不靠谱的记忆除了出现在法庭上，保险理赔、申请难民庇护过程中，也会出现记忆错乱的情况，因为这些环境都非常依赖当事人对过去情况的记忆。然而事实是，人类的记忆并不能真实地反映事实，它反映的不过是过去的经历在大脑里留下的痕迹，而且具有强烈的主观色彩。人在回忆时，一些记忆中的图像会选择性丢失，原本是正确的内容，也会被其他东西取代。

　　证人在目击现场后，到出庭作证之前，难免受到外界的干扰，比如对方伪造的证词、证据，此外，证人本身的心理素质、庭审环境的压力、辩护律师的诡辩技巧，都会影响证词的准确性。美国45%的错误指控都是因为陪审团过于相信目击证词造成的。随着法医技术的不断强大，陪审团更愿意相信强有力的证据，而不是言之凿凿的目击者。

　　由于证词的不靠谱，而证人又是司法体系的一部分，因此，人们希望找到让证人的证词更准确，更接近事实的方法。有人说，如果按照艾宾浩斯记忆曲线，事情发生得越久忘得越多，就应该在事件发生之后马上询问证人。爱荷华州立大学的一个心理学研究小组用实验证明，这个方法还算可行，不过也存在弊端。

　　试验中，研究人员要求78名被试观看《24小时》样片，时常43分钟。随后，将他们分成两组，一组询问24个问题，另外一组去玩俄罗斯方块。问答结束后，研究人员要求被试再看一段视频，是和《24小时》有关的内容，其中包含一些错误信息。

　　一个星期后，研究人员再次提问，这一次所有被试回答问题。结果证明，那些经过问题强化的被试非常容易被错误信息误导，也就是说，即使询问可以强化证人的记忆，同时也让其他信息掺杂其中，误导证人。在实际上的司法程序中，这些误导很可能来自别有用心的律师。

　　2013年，阿伯丁大学做过两项研究，被试分成两组，实验组观看一名男子偷窃老太太手包的视频，对照组观看同一男子和一个女子聊天的视频，期间女子的手包掉在了地上，男子帮忙捡回。

20分钟后，研究人员要求被试回忆视频里的细节。实验组能清晰地回忆起视频中的男子，对照组则只记住了男子做的事。研究人员得出的结论是，当人们目击到犯罪发生时，会更加注意罪犯的外表，以便今后认出。

第二个实验同样是观看视频，看完视频，被试要在6个长得相似的罪犯中找出视频中的男子。结果，实验组的表现比对照组差。也就是说，即使人们能够描述出罪犯的样子，但并不代表他就能准确地辨别。因为回忆和辨别是分离的，记忆得越多，知道得就越多，但这并不代表辨别时使用的是同样的信息。

目击证人在指认嫌犯时，如果他能做出正确指认，目击者就会非常有自信，并且坚定选择的结果；如果做出了错误指认，目击者的信心会降低，对自己判断力的把握也会下降。这个时候，有经验的警察通常会提醒证人，如果不太确定的话，就说不知道。如此一来，证人错误指认的概率就小了很多，无辜者被冤枉的可能性也减少了。

外界因素也会影响目击者的证词，光线的强度、噪音水平、环境气氛等。在凶杀案中，目击者更关注武器，如枪、受伤的人员。目击者会因为这些因素分神，将注意力放在不重要的事情上，忽略掉重要的事情。因此，警方在请证人指证时，需要留心证人记忆的不确定性。如果将嫌疑人排成一排，要求证人指证，最好不要采用是或否这样简单的提问，这种情况最容易做出错误指证。

正因为记忆是如此脆弱，如果你恰好目睹了一起案件，成为靠谱证人的方法就是及时报警、着重记住细节、不要和其他人交流。案件发生时第一时间报警，这时记忆是最清楚的，向警方说明，什么时间，在哪里，发生了什么事，人员情况，他们是怎么做的。细节方面则包括车牌号、身体特征、武器、逃跑方向等。如果不能马上报警，最好将所见所闻记录在纸上，或者用录音笔记录。最大的忌讳就是和别人交流。在记忆被强化后，任何杂乱的信息都会成为干扰项，因此，不要和任何人，包括其他证人交流。

现在有一个问题，如果儿童和成年人同样出庭作证，你愿意相信谁呢？法庭的基本信条是，儿童的证词可信度比较低。如果儿童指 A，成年人指 B，人们更愿意相信成年人的话。然而，实际情况恰恰相反。美国康奈尔大学的著名心理学教授查克·布雷纳德通过实验发现，如果是儿童和成年人都能理解的事，成年人的记忆更可靠；如果是儿童尚不理解的事，儿童的记忆更可靠，因为对于儿童来说，他们会通过记住细节来记忆无法理解的事。不过，这一结论尚未被法官接受。

第五章

两性间的心理学

    瑞士心理学家荣格曾经说过，人类天生具有两个最基本的原始模型——"阿尼玛"和"阿尼姆斯"。"阿尼玛"是男性身体中的女性特征，"阿尼姆斯"是女性身体中的男性特征。每个男性或女性身上都有潜在的女、男本质作为无意识的补偿因素。因此，每个人身上都有异性气质存在，人的情感与心态也兼具两性倾向。

女人天生是弱者？

在莎士比亚的著名戏剧《哈姆雷特》中，哈姆雷特听说母亲葛忒露德在明知叔父杀死父亲、篡夺王位的情况下，还是嫁给了那个阴险的笑面虎，一向忧郁的哈姆雷特不禁感叹："脆弱啊，你的名字就叫女人！——短短一个月，她像泪人儿一样，给我父亲送葬去穿的鞋子，还一点都没有穿旧呢，哎呀，你看她，（无知的畜生也还会哀痛得久一点呢！）她居然就同我的叔父结婚了。"

这一句"脆弱，你的名字是女人"（Frailty，thynameiswoman！）由此成为名言，莎士比亚借哈姆雷特之口，既批判了葛忒露德善变、懦弱的个性，也将没有自我意识、自我堕落的标签贴到所有女人身上。

然而，女人真的是脆弱的吗？1928年，弗吉尼亚·伍尔芙曾经在剑桥女子学院发表过一次名为《莎士比亚的妹妹》的演讲，以一个虚构的莎士比亚妹妹的身份，来谈论女人的脆弱和坚强。

伍尔芙设想，如果莎士比亚拥有一个妹妹，她和莎士比亚具有一样的才华，可是又能怎么样呢？她并不能像她的哥哥一样，成为一名出色的剧作家。在伊丽莎白时代的英国，女子并没有权利上学，因此，她不得不趁着劳作的空隙，随手翻翻哥哥看过的书，还没翻开几页，父母又要叫她去干活了。断断续续的阅读，她可能也能在书上写上几行字，为了躲避父母的责骂，她只能将其藏起来，或者烧掉。当父亲将她许配给隔壁羊毛匠的儿子时，她强烈反对，却遭到了父亲的一通毒打。那时，男人打女人是司空见惯的事情，无论是贵族还是平民，打女人甚至成为男人的一种权力。因此，如果莎士比亚的妹妹继续表示拒绝，她很可能被父亲锁在房子里，彻底丧失自由。她或许会寻找机会逃走，沿着莎士比亚当年走的那条路前往伦敦。可是，她不能像哥哥一样成为剧场里的演员，因为没有剧场会收留一个来路不明的女演员。最后，她可能饥寒交迫，在一个寒冷的冬夜结束自己的性命。

在演讲的最后，伍尔芙提出一个结论：女人必须有一个自己的房间，取得经济上的独立之后，才能谈谈文学创作。伍尔芙认为，社会歧视导致了女人的平庸、毫无才华和性格懦弱。如果获得经济上的独立，女人便可以施展才华，追寻自由或者谈论艺术。

透过伍尔芙的演讲，再对比那句"脆弱，你的名字是女人"，可见莎士比亚的观点似乎太过片面。波伏娃说："女人不是天生的，而是后天造就的。"实际上，女人的脆弱也不是天生的。可惜，伍尔芙去世已经一个多世纪，即使如今的大多数女人已然经济独立，有了自己的房间，但是社会对女人的歧视依然比比皆是。

在女性社会地位不断提高的 21 世纪，哪里的女人最不容易被定义为脆弱、懦弱，甚至被歧视呢？一份 2011 年的调查表明，在被调查的 130 个国家和地区中，位于北欧的挪威、芬兰、瑞典和冰岛四国的女性地位最高，排在所有被调查国家的前四位。

实际上，瑞典早就有一个非常有趣的说法：家庭里的男人一般排在第四位，前面三位分别是女人、孩子和狗。实际上，这是一个比较"靠谱"的说法。在瑞典的首都斯德哥尔摩，经常能看到男人一边牵着狗，一边推着婴儿车，在午后的公园里散步。这就是瑞典男人的日常生活。

看到这一幕，生活在第三世界的女性难免会心生艳羡，尤其对于一些偏远山区的女性而言，由男人负责带孩子是根本不可能的事情。不过，另外一组数据也暴露了这个男女平等国家的黑暗面。

瑞典推理小说家斯蒂格·拉赫松在《恨女人的男人》一书中写下这样触目惊心的 4 个标题附注："瑞典有 18% 的女性曾遭男性威胁"；"瑞典有 46% 的女性曾遭男人暴力对待"；"瑞典有 13% 的女性曾遭性伴侣之外的人严重性侵害"；"瑞典有 92% 曾遭受性侵犯的女性并未在暴力事件发生后第一时间报警"。

有谁能够想过，在瑞典这个以社会福利体系高度发达著称的国家，政府在标榜女性获得与男性平等的权益的同时，女性竟然成为社会中的弱者。让人不禁感叹，即使表面宁静的港湾，也是有暗流涌动；即使太阳高照，也有隐藏在角落里的黑暗。

当后女权主义者继承着蔡特金（国际妇女运动领袖）的遗志，继续为世界上的女性摇旗呐喊，向世人证明女人不脆弱时，尚未萌发女权意识的女人却屡屡被男女平等的假象所蒙蔽。拿中国的女性解放来说，虽然国家政策推崇"男女平权"，女性地位也确有提升，但社会上歧视女性的现象却依然严重。

当计算机代替了笨重的操作工作，当众多的脑力劳动取代了重体力劳动，女职工、女干部依然要比男性提前退休，失去 5 年甚至 10 年的工作报酬；女童得以上学，女大学生的比例逐年增加，但是毕业后的女大学生依然要面对"此岗位只限男性"的就业歧视。即使是同样条件的男生和女生，最后的机会也多不会是女生的。

然而，并没有证据表明，女性的工作能力比男性差。一个名为"玩笑会降低女性自信"的研究表明，在适当的时候给予女性信心，而不是各种打击和批评，她们往往能表现得更好。研究者选择了 500 名大学生作为被试，随后将其分组进行开车的测试。虽然驾驶车辆一向被认为是男性比女性在行，结果却发现，当女性在没有压力或者负面心理暗示的情况下，开车技术往往会比男性好。

另外一项研究表明，当男性通过嘘声、歧视性语言骚扰女性时，实际上损害了男性群体的形象。这项研究来自康涅狄格大学的一个课题小组，目的是为了调查当女性作为旁观者，看到或者听到男性对其他女性的歧视行为时，会有怎样的反应。

研究人员要求作为被试的女生看一段带有歧视女性色彩的视频，继而表达自己的感受。其中包括焦虑、抑郁、愤怒、害怕和反对。结果显示，女性被试除了感觉不安之外，还将视频中男性的性别歧视言论看作是对所有女性的侮辱。因此，她们往往对整个男性群体产生愤怒，而不是针对单独的某一个人。

可惜，职场并不是真空的环境，许多不可避免的压力和消极暗示都可能摧毁女性的自信心，当男性说出带有负面信息的玩笑或者歧视性语言时，竟然是毫不自觉的，他们似乎认为好像事实就应该如此。然而，当女性面对职场中的歧视，或者生活中的歧视时，甚少有人通过法律的手段来解决。

如果有的女性看到一篇报道说，一个女求职者因为公司设定的岗位"只限男性"而将招聘公司告上法庭，可能还要讽刺一句：这不是没事找事吗？当然，90%的求职者都不会"没事找事"，即使这些女性都受过高等教育，有的甚至是硕士、博士，但是，她们似乎并不了解什么是真正的"男女平权"以及如何觉察和解决职场上或者社会上的性别歧视。

红玫瑰与白玫瑰

　　社会变得多元化之后，衣食住行的各种风格开始变得丰富，女孩子的打扮也开始变得花样翻新，随便在街头瞄上一眼，就能看到充斥街头的嘻哈朋克，也能看到复古风格的紧身旗袍，哈韩哈日的青少年人不少，妩媚妖娆的女子也大有人在。如果说，什么样的打扮更令人生出清水出芙蓉的感慨，一个回眸、一个微笑都能令人沉醉其中，那莫过于清纯、甜美的淑女范儿了。

　　此淑女并非古代礼教制度下长住深闺、恪守妇道的"贤良淑德"女子，而是在智慧、内在力量和行为规范上都无可挑剔的优雅女子。淑女并不一定要扮萝莉、装可爱，更无须扮得楚楚可怜，要人保护，而是培养自身独具特色的、令人感到清新舒适的个性。淑女可以不漂亮，但是绝对不能不优雅。

　　如今的淑女虽然不要求多才多艺，琴棋书画样样精通，但至少要长有一颗装着思想的脑袋。即使不做职场上的女强人，即使没有个人特长，至少记得在工作中找到自身价值，而不是靠男人养活自己。

　　除非你的能力超群，否则的话，不要用扭捏做作的姿态冒充淑女。如果"伪装"不来的话，就乖乖地学习，通过站、立、坐、走各方面的训练来提升气质。如果实在违背天性的话，自然不可勉强为之，闹出东施效颦的笑话。

中国古代的淑女文化完全摧毁了女人天生的美感，到了宋朝时期，女人竟然要通过缠足的畸形方式来满足男人的癖好。相比之下，英伦的淑女风范却和闻名遐迩的绅士品格并驾齐驱，成为培养社会美感的一条途径。直到今天，职场中最具淑女气质的员工依然是各大猎头争抢的对象。

在衣着打扮方面，英国的男性和女性都非常重视，甚至成为礼仪课程中一个重要的课题。和生活在法国南部以及地中海附近的女子不同，英国淑女没有奔放到穿红戴绿，而是较多选择素雅的纯色、无花纹的服饰进行搭配。到了冬天，淑女们最多在黑色外套上配一条亮色的围巾。

这种淡雅的装扮并非刻意追求，可能和英国临海，常年多雨多雾、空气潮湿有关。幸运的是，低调的风格常给人一种清新脱俗的感觉，即使在大型的酒会上，也足以和浓妆艳抹的佳丽分庭抗礼。

衣服只是淑女学堂的第一步，英式淑女在说话、语气、坐姿、行走等方面都有具体的要求，即使是寻常人家的女子，也会挺直了背与人谈话，语调不高也不低，动作幅度不大，有时候，她甚至会定格在某一种姿势，好像在给画师做模特一般。由于文化影响，高声说话、打断别人的话都会被看做是没有教养的行为。

淑女的微笑是在服装打扮、言谈举止之外的修养。就像衣着整洁是为了让别人看着舒服，给予别人最好的尊重一样，适当的微笑也是对别人的尊重。在微笑时，淑女们会露出洁白的牙齿，让人感到非常舒服。为此，她们会定期到医院检查牙齿，并且洗牙，一个淑女是断然不会呈现出牙齿发黄或口臭的形象的。

虽然1000多年前的诗歌就曾经如此赞美淑女："关关雎鸠，在河之洲。窈窕淑女，君子好逑。"可是如今，清新可人、低调内敛的淑女却往往输给风情万种、神采飞扬的"妖精"。淑女总是含蓄温婉，步步为营，"妖精"则横冲直撞，肆无忌惮地在世间游走。

"妖精"通常不喜欢掩饰，高兴时说"我要跳舞，谁来陪我一起跳"，不高兴时说"烦着呢，谁都别惹我"。即使她肤色苍白、不着粉黛，依旧可以成为众人的焦点。"妖精"总是放肆的、多变的，甚至有点诡计多端。但是，这些也让她成为获胜的赢家，无论是职场还是感情中，"妖精"总是可以光鲜亮丽地飘来飘去，充满无限魅力。相比之下，淑女的内敛、谦让却黯淡了许多。

从男人的角度来说，"妖精"和淑女是两种截然不同的女人：淑女就像是银耳莲子粥，温暖细滑，令人心旷神怡；"妖精"则像是辣子鸡丁，刺激迷人，令人神魂颠倒。对于淑女与"妖精"的分析，没有人比张爱玲看得更透彻了。

张爱玲在《红玫瑰白玫瑰》中曾有这样的讲述：也许每一个男子全都有过这样的两个女人，至少两个。娶了红玫瑰，久而久之，红的变成了墙上的一抹蚊子血，白的还是"床前明月光"；娶了白玫瑰，白的便是衣服上沾的一粒饭黏子，红的却是心口上一颗朱砂痣。

可是，从女人的角度来看，是什么让女人变成淑女或者"妖精"呢？想必要在文化发展史中追溯原因吧。英式淑女来源于英国人仪式化的生活，因此衣食住行都陷入了仪式的阵仗中。只是不知道，如今大行其道的"妖精"，她们是从淑女的仪式中跳脱出来的，还是让女人的天性得到了解放？

不管怎样，将淑女或者"妖精"放在男权的放大镜下观看，定会引起女权主义者的不满。当女人不再希望被当做客体，被男人贴上各种品鉴的标签时，野蛮女友和河东狮吼便开始大行其道了。电影《我的野蛮女友》中，女主角的男友这样说道："如果她的鞋穿着不舒服，一定要和她换鞋穿。如果她打你，一定要装得很痛。如果真的很痛，那要装得没事。"在依旧由男人掌控整个社会命脉的韩国，这部电影可谓是女权主义者的发声练习了。

可惜，现实的情况远远没有电影中美好。在成功学泛滥于各个行业的今天，淑女养成记、魅力培训班纷纷开办收徒，专门教授"女人何以成为女人"、"女人何以俘获男人"的课程。作为一种属于女性的成功学培训，它期待的并不是将女人培养成淑女或者"妖精"，而是适时地利用游戏规则来达到利益的最大化，哪怕规则本身就是不公平的。

对于这样的现象，除了中国依旧是一个男权的社会之外，还有一个原因可以解释——我们引进了淑女文化，却没有引进绅士文化。因此，无论女性成为端庄贤淑的妻子，还是风情万种的情人，都逃不掉成为被欣赏者的命运。

在淑女文化的起始地——英国，情况却向另外一个极端发展。英国政府的一项调查表明，现代的英国女性在生活上越来越像男性，她们喜欢与朋友畅饮，喜欢驾车狂奔，也喜欢将更多的时间放在职位提升上。由此，英国的绅士们开始抱怨：女人越来越没有女人味儿，而表现出了男人味儿。

无论是从教育水平上来看，还是从生活方式上来看，拥有全职工作，能够驾车外出兜风，追求生活变化的女性，在日常生活中的确能够拥有更多的自主权和独立性。在这一点上，淑女也好，"妖精"也罢，魅力女人培训班的学员也好，都能够摆脱他人的视线，做一个自由的个体。

男女界限的消弭

　　一部《失恋 33 天》让每个女孩子都从心底发出呐喊："上苍啊，请你赐给我一个王小贱吧！"这个王小贱又是何许人也？王小贱是每一个女孩子都向往拥有的"贴心闺蜜"。他说起话来嗲声嗲气；整天不停地涂抹唇膏和护手霜，比女孩子都懂得保养皮肤；会煮饭、做家务、懂得经营生活；搬家的话，他懂得各种打包家具的方法，甚至连板凳都可以用泡沫纸包好；看上去很"娘"，似乎还有些性取向不明，但他却是一个该出手时就出手的纯爷们。

　　女孩子大喊着"十年修得王小贱"的同时，对他趋于中性、近乎女性的言行举止照单全收，对他温柔、等待、始终默默付出的性格更是大发溢美之词。当"闺蜜"王小贱获得越来越多人认可的时候，也可以看出人们在审美认知上逐渐接近性别中性化的发展趋势。

　　陈家明是一个模特经纪人。他自己也是模特出身，有着 1.83 米的高挑身材，骨骼强壮，眉清目秀。然而，他的生活习惯却常常令身边的女性朋友咋舌。

　　他每天睡觉前会喝一杯酸奶；每星期去美容院做一次面部护理；每半个月到百货商店购物一次，买回常用的化妆品、保养品和各种衣服；每 3 个月染一次头发，并且尝试做一个新的发型。在平常生活中，他会精心搭配好服装、发型和饰品之后才出门，如果到其他城市出差，他的行李箱里有一半都是各种护肤品、防晒霜和补水面膜。

单纯看陈家明的生活细节，你一定会觉得这个人"女里女气"，是个"娘娘腔"。其实不然，他是一个阳刚气十足的大老爷们。如果你质疑他说："你怎么整天跟个女人似的？"他一定会马上就跟你急："怎么着，怎么着，就准女人整天享受生活，男人就不能对自己好一点吗？"

当各种中性风格的明星偶像成为众多粉丝拥趸、崇拜的对象时，社会上也有越来越多的人开始走"中性化路线"。男人越来越像女人，女人越来越像男人，已经成为社会上的一股潮流。当学校的老师频频困惑男生为什么要留长发、涂唇膏，不像个男子汉时，女生却开始留短发，动作豪放，与一群男孩子称兄道弟。中性化渐渐发展成年轻人心中新的流行时尚时，其中的社会背景和心理背景又是怎样呢？难道男人注定不能秀外慧中，女人天生要娇嫩柔弱吗？

瑞士心理学家荣格曾经说过，人类天生具有两个最基本的原始模型——"阿尼玛"和"阿尼姆斯"。"阿尼玛"是男性身体中的女性特征，"阿尼姆斯"是女性身体中的男性特征。每个男性或女性身上都有潜在的女、男本质作为无意识的补偿因素。因此，每个人身上都有异性气质存在，人的情感与心态也兼具两性倾向。

实际上，男性应当阳刚、女性应当娇弱的刻板印象是一定的社会环境铸就的。在 17 世纪之前，世界范围内的女性基本都没有公民权利。中国古代妇女有"三从四德"的礼教约束，英国的基督教会甚至认为"女人应畏惧男人，服从和臣属于男人"。直到世界上爆发大规模的"女权运动"，女性才在社会中找到了性别认可。今天，人们对女性倡导的独立人格，在 100 年前可是出了名的"悍妇"才有的品质；曾经那些男性特质的表现，今天也只能称其为"野蛮"和"暴力"了。

当人类进入现代社会，更多的人告别了依靠体力为生的时代，每个人都在凭借智力创造生活。此时，原本的男女差异也变得越来越小。在精密操作和商业计划方面，女性甚至表现出更大的野心。社会发展不再是简单的趋同，而是朝着更加丰富的方向发展。此时，性别的中性化也渐渐显露头角。女性可以用阳刚、强势的方式获得成功，男性也可以用阴柔、隐忍的方式表达情感。每个人都开始打破原有的性别传统，变成了兼具双性气质的个体。

按照心理学的理论，每个人都可以是双性的。所谓"双性"指的是一个人兼具男性和女性的气质。有众多研究表明，兼具双性的人并非变态，反而会具有男性和女性身上都具备的优良品质，他们往往具有更强的决断能力和社会适应能力。

圆满的爱情是怎样的

在每个人的心中，都有一个关于真爱的模糊图像。裴多菲在诗歌中咏叹"生命诚可贵，爱情价更高"；晏殊在词曲中感慨着"天涯地角有穷时，只有相思无尽处"。张艾嘉则用这样一首浅白的歌唱出了她心中的真爱："从前有一个小男孩跟一个小女孩说，如果我只有一碗粥，一半我会给我的妈妈，另一半我就会给你。从此，小女孩就爱上了小男孩。可是，大人们都说：小孩子嘛，哪里懂得什么是爱。后来，小女孩长大了，嫁给了别人。可是每次她想起了那碗粥，她还是觉得，那才是她一生中最真的爱。"

人类在文学中努力构建着人间至死不渝的爱情，却永远无奈于现实中的残酷。人们对爱情的幻想可能因为金钱而破灭，因为疏离而破灭。似乎每个人的心中都带着对真挚爱情的无限期许，却不得不在爱情理想破灭的现实中唏嘘存活。

抛却文学故事中构想出的爱情，我们终究要回到现实，用理性的态度面对世界。当文学家和哲学家已经对"爱情"力不从心时，心理学家却为我们打开了一扇窗，让我们看见了关于爱情的理性分析。

耶鲁大学的心理学教授斯腾伯格在研究过"智力的三元理论"后，又提出了"爱情三元理论"。作为心理学领域的专业人士，他对爱情的研究起步很早，而且提出了一个相对完备的爱情理论，对后期的爱情理论研究也有很大影响。

斯腾伯格把爱情分解为 3 种成分：亲密、激情和承诺。亲密包括热情、理解、交流、支持及分享等；激情主要是指对性的渴望；承诺则包括投身于一份感情的决定及维持感情所付出的努力。他认为，这 3 个基本的组成部分可以组合成以下 8 种不同类型的爱情。

无爱。如果亲密、激情和承诺都不存在的话，两个人之间可能仅仅是熟人，甚至不能成为朋友。因此这种关系是随便的、肤浅的、随时可以破裂的。

喜爱。当亲密的成分变高，但是激情和承诺成分较低时，会产生喜爱之情。喜爱之情发生在亲密的友情中，也就是朋友。朋友之间不会产生性的吸引，也不会产生共度余生的愿望。如果朋友之间出现了过高的激情或承诺，这种关系已经不再是喜爱之情了。

迷恋。只有强烈的激情而缺乏亲密和承诺时，便是迷恋之情。人们对不熟悉的人激起欲望时会产生迷恋之情。"一见钟情"属于典型的迷恋，不过这种刹那间强烈的情绪能否发展成为爱情，还取决于后期亲密和承诺的因素。

空爱。没有亲密，没有激情，只有承诺的爱便是空爱。在中国古代，由父母之命、媒妁之言包办的婚姻就是从空爱开始的。不过，很多夫妻依然从空爱阶段顺利度过，发展成为富有亲密和激情的终身夫妻。

浪漫之爱。当亲密和激情的程度特别高的时候，人们体验的就是浪漫之爱。人们常常喜欢对一段浪漫关系做出承诺，即使他们早就知道它结束的时间。比如，旅行中的一段偶遇的情缘可以非常浪漫，双方甚至会讨论到未来的安排，即使他们知道旅行结束后这场浪漫也会随之消失。

伴侣之爱。亲密和承诺结合形成对亲密伴侣的爱，可以称为伴侣之爱。亲近、交流和分享意味着对两人关系的充足投资，双方会努力维持平静而长期的友谊。这种类型的爱会集中体现在长久而幸福的婚姻中。即使曾经的激情已经消逝，也不会对伴侣之爱造成影响。

虚幻之爱。缺失亲密的激情和承诺会产生一种愚蠢的体验，叫做虚幻之爱。这种爱就像旋风一般席卷人的头脑，让两个人在势不可挡的激情中许下承诺，甚至闪电结婚。但是这种行为风险很高，时刻需要面临失败的危险。

圆满之爱。当亲密、激情和承诺同时出现时，人们就会体验到圆满的爱。这是许多人寻找的真挚爱情，也是最常被文学家、剧作家称颂的爱情。不过，连斯腾伯格自己都认为，圆满之爱很难维持长久。

为什么会有"夫妻相"

日常生活中，总是有这样的现象。一起生活很长时间的夫妇在外貌上非常像，让人一看就觉得他们是一家人，这也就是人们所说的"夫妻相"。人海茫茫，为什么你最终选择的是他而不是别人？"夫妻相"是天生的，还是婚后经过磨合，互相融合的结果？"夫妻相"真的就是夫妇两人长得非常像吗？

弗洛伊德也研究过"夫妻相"，他将"夫妻相"归结为恋父情结或者恋母情结。女儿将对父亲的崇拜转移到择偶行为中，最终选择的丈夫通常是具有父亲气质的，儿子在选择配偶时也是如此，既然对母亲的爱恋无法实现（因为有乱伦恐惧），只好在配偶身上寻找母亲的影子，找到的老婆往往和母亲有相似之处。

弗洛伊德的观点貌似和人们常说的"夫妻相"不太一样，但却得到了现代心理学研究的证明。人除了对自己产生认同心理之外，一种天生的配偶识别机制也会让个体本能地寻找和自己相似的个体。这种识别机制会让孩子从小时候开始建立一个伴侣标准，即与自己不同性别的父母的相貌。

弗洛伊德的结论来自观察和思辨，现代心理学的结论来自实验。为了避免遗传上的选择偏好，研究人员选择了 26 个收养女儿的家庭，他们准备了 3 组照片，第一组是女儿和 4 个丈夫候选人的照片，其中一个是真的丈夫。第二组是收养女儿家庭的父亲和 4 个丈夫候选人的照片，父亲的照片都是女儿在 2 岁到 8 岁之间照的。第三组是收养家庭的母亲和 4 个丈夫候选人的照片。

研究人员找到了 250 名被试负责评定图片人物的相似度。结果显示，夫妇配对的正确率非常高，岳父和女婿配对的正确率也非常高，岳母和女婿配对的正确率就低很多。研究人员认为，丈夫和父亲的相似度是靠女儿和父亲的关系决定的，如果父亲在情感上给予女儿的支持越多，女儿选择的丈夫和父亲的相似度就越高。

至于对"夫妻相"的解释，心理学家选择了另外一条道路。在一起生活几十年的夫妻，如果婚姻美满的话，就会出现"夫妻相"——这当然不是夫妻之间通过主观意愿实现的，而是长期的和谐关系留在脸上的印记，是共同的生活经历、情绪体验造成的，是长年累月体验共同情感产生的结果。

共同的生活习惯、饮食结构，会让夫妻俩的面部肌肉得到锻炼，每一种表情、情感表达都会放松或者收紧一些特定的肌肉，当夫妻一起微笑，一起皱眉时，他们的面部肌肉会做同样的运动。肌肉会形成相似的曲线，皮肤形成相似的皱纹，年深日久，自然越来越像。

观察不同的夫妻就会发现，欢欢喜喜的夫妻常将笑容挂在脸上，整天吵架、打架、闹离婚的夫妻，两人脸上必定都是愁云密布。由此一来，夫妻的笑容、表情逐渐趋于一致，原本完全不同的两个人，也会在外貌上体现出相似之处。此外，饮食习惯的相同还会让夫妻二人患上同一种疾病的几率大大增加，不禁让夫妻二人产生了惺惺相惜的感觉。

在一次实验中，研究人员要求被试观察夫妻双方的照片，一组是结婚典礼时拍的，一组是结婚 25 年后拍的，然后找出那些相貌相似的夫妻。结果显示，夫妻不仅会越长越像，他们相貌的相似程度和婚姻美满的程度是成正比的。

时间在夫妻的脸上留下痕迹，夫妻双方也在不知不觉地雕刻对方。经过无数次的交流，双方的特征发生改变，科学家认为，这种改变往往是朝着自己所希望的理想方向进行的。夫妻进入老年时，体貌上的特征会更加明显，甚至会在相同的位置长出皱纹。随着年龄的增长，一些体征会消失，如肉和头发，但人体骨架却一直能表现出特征来。

而且，"夫妻相"不仅存在于人类当中，还出现在动物界。匈牙利大学的研究人员同时研究动物和人类，结果发现，每一个成熟的动物或人类都会按照相似性来寻找配偶。那是因为，长得像的夫妻之间有更大的几率拥有相同的基因，进化生物学中，这种现象叫做选择性交配。

从进化的角度来说，选择和自己拥有相似基因的人做配偶对优化后代的基因有很大益处，可以确保基因库中的一部分基因有更大的几率传递给后代。而且，体貌特征的遗传性非常高。比如说，身高比腰围更容易遗传给后代。如果夫妻两人都是身材高挑的体型，后代身材高挑的几率要远远高于身材矮小的几率。前提是，这种相似出现在非近亲的个体中，如果是近亲相配，的确具有更多相同的优质基因，同时也存在许多致病基因。

对于"夫妻相"的解释也有另外的不同意见。比如说，有人认为"夫妻相"的说法是人们视角倾斜和视力误差造成的。就像中国人看外国人似的，都是黄头发、蓝眼睛、高颧骨、大鼻子，而外国人看他们本国人，还是有张三和李四的差别的，而且非常明显。对于夫妻，人们在同时看两个人时，会在心里产生一个预设，夫妻便是一个共同体，必然存在许多相似的地方。然后，人们在看这对夫妻时，就会努力发现两人相貌上相似的地方，忽略掉他们的不同。

实际上，就算不是夫妻，世间的任何男女，在相貌上总有一点相似的地方，同一人种，同一肤色，同一地域的人更容易找到身材、面相上的相似之处。在不知情的情况下，将一对男女误认为夫妻的概率也很高，由此也证明了，夫妻相并不是夫妻独有的专利。

　　一位来自伊丽莎白敦学院的心理学家研究了狗和主人之间的相似之处，结果发现，纯种狗通常和主人有相似之处，杂种狗则不然。但有一点非常普遍，如果主人是一个性格外向的人，就会选择一条活泼好动，愿意与人亲近的狗做宠物。至于长久的相处，主人和宠物的面部表情会发生什么样的变化，会不会像"夫妻相"一样趋同，至今还在研究当中。

　　人类的择偶行为是一个非常复杂的问题，其中有生物学的影响，也有社会学的影响。一般生活中，金钱、职业和地位都会影响配偶选择，有研究表明，气味也会影响配偶选择。更重要的一点是，"夫妻相"并不能成为美满婚姻的基础。寻找人生伴侣时，人们总是会考虑相貌，但很少有人一定要找一个和自己长得相似的人。与其说幸福来自相貌的相似，不如说来自性格的相容。心灵的沟通契合了，生活上互相关心，困难时彼此支撑，即使原本相差很多的两个人，也会拥有共同的情绪表现、肢体动作等。

第六章
家庭中的心理学

　　家庭系统排列的创始人海灵格发现，发生在人身上的种种问题，无论是情绪上的焦虑、抑郁、愤怒、内疚、孤独，还是行为上的酗酒、吸毒、自杀、犯罪，都能够在家庭中找到根本原因。也就是说，生活中的很多人无意识地承袭了家庭中其他成员的生活模式，在生活中采用共同受苦、共同负罪的方式，表达着自己对家庭的忠诚。这虽然是一种爱的表现，同时也是盲目的、不理智的。这种承袭关系让一代人的痛苦延续在家族之中，使得家族中的后人时刻受到过去经历的纠缠，甚至还会将这一形式继续"传染"给下一代人，让更多的人生活在痛苦之中。

寻找家庭角色的游戏

每个人在社会上存在，都有一个固定的位置。对于公司来说，可能是老板、经理人或者普通职员；对于一个家庭来说，可能是父母、孩子或者兄弟姐妹。这些角色设定有些是自己选择的，比如成为一名建筑师或者作家；有些则是一出生就既定的事实，比如你是爸妈的孩子，是弟弟的姐姐，是奶奶唯一的孙女，等等。这些不同的身份，在生命中都扮演着重要的角色。尤其处在家庭中的角色，有时候会影响一个人一生的生活方式。

家庭系统排列的创始人海灵格发现，发生在人身上的种种问题，无论是情绪上的焦虑、抑郁、愤怒、内疚、孤独，还是行为上的酗酒、吸毒、自杀、犯罪，都能够在家庭中找到根本原因。也就是说，生活中的很多人无意识地承袭了家庭中其他成员的生活模式，在生活中采用共同受苦、共同负罪的方式，表达着自己对家庭的忠诚。这虽然是一种爱的表现，同时也是盲目的、不理智的。这种承袭关系让一代人的痛苦延续在家族之中，使得家族中的后人时刻受到过去经历的纠缠，甚至还会将这一形式继续"传染"给下一代人，让更多的人生活在痛苦之中。

海灵格发现了家庭中存在一个普遍的秩序。这个秩序是由家庭中的所有人共同建立的，可能是明确的，但大多数时候是在默契中慢慢建立的。这种依靠潜意识形成的组织系统影响着家庭成员中所有人的行为。而家庭系统排列的目的，就是打破这个秩序，将深陷其中的家庭成员解脱出来，开始重新创造生活。比如说，一对年轻的夫妇新婚不久便有了一个宝宝，可惜这个宝宝出生没多久就开始生病，两三年过去了，这对夫妇想尽了一切办法，依然没有留住这个孩子。没过多久，年轻的夫妇选择将这个孩子遗忘，重新孕育下一个孩子。可是，这个曾经存在过的孩子对家庭造成的负面情绪会影响这对夫妇一辈子，还会影响第二个孩子的行为模式。

徐先生今年58岁，从小生活在西北的一个小城镇里。渐入花甲的他早已退休在家，本该享受着难得的天伦之乐。可是，他却整日酗酒，让家人很担心。

有时候，他会找同样退休在家的朋友一起到家里喝酒。四五个人吃着小菜，喝着啤酒，聊着各自的生活和单位的近况。找不到朋友的时候，他则一个人闷在家里，对着一盘花生米自斟自酌。为此，徐先生的老伴李老师看在眼里，急在心里。

李老师知道老伴退休在家非常无聊，平时找老朋友一起喝喝酒、聊聊天也就算了。可是，整日在家喝闷酒，很容易把身体喝坏。去年徐先生就因为脑血栓住进了医院，出院后依旧酗酒的他，着实让老伴着急。

在一个朋友的建议下，李老师带着徐先生找到了一个专门做家庭系统排列的心理医生。经过一次排列治疗后，心理医生发现，原来徐先生一直在扮演他的父亲的角色。

徐先生兄弟三人都是由母亲一手带大的。小时候，由于父亲整日酗酒，无所事事，最后被妈妈赶了出去。作为大哥的他，从进入工作岗位就开始努力赚钱，一边贴补母亲的生活，一边帮助两个弟弟完成了学业。因此，徐先生在家中的地位很高，两个弟弟有了一定的社会地位之后，依旧对这位大哥非常尊敬。

可是，不知从什么时候开始，徐先生也开始喝起酒来。年轻的时候，单位有应酬，需要陪领导和客户吃饭，喝些酒在所难免，李老师也没放在心上。退休后，毫无应酬的徐先生竟然越喝越多，有时候他一个人在家什么事都不做，看着电视喝着酒就度过了一天。

按照心理医生的分析，徐先生不过是在模仿父亲的行为。对于一个家庭来说，这个系统原本应该是完整的：爸爸、妈妈、孩子。徐先生的父亲离开后，父亲的位置就需要有人来补充。作为大哥的徐先生不自觉地充当起"父亲"的角色——贴补家用、供弟弟念书。而且，填补这一位置的人，很容易就会重复前面那个人的行为。父亲酗酒，于是徐先生也开始酗酒。

经过系统排列之后，徐先生在心中与父亲和解，他退回到孩子的角色，并且在心中为父亲留出了一个位置。徐先生酗酒的习惯也在进一步的治疗中得到了改善。

在家庭中，每一个位置都很重要。只要是在家庭中存在过的成员，都有一个应属的位置，在其他成员心中，也要为这个成员留出位置。不管这个人是活着还是已去世，都要留在原来的位置上。如果因为环境的变化，比如父母离婚、意外失踪、或者因为内心的憎恨将其摒弃，将家庭成员从原本的位置上剔除，那么当事人的内心序列也会跟着变化，进而影响到自己的行为。

如果说学会接受身边的美好和丑恶是一种成长，尊重每个家庭成员的各自的位置也是一种成长。不管是孩子面对出轨后的父亲，还是父母面对抛弃妻儿的儿子，即使对他们有道德上的谴责，也应该尊重这一角色在自己生命中的存在。否则的话，只能让自己的人生陷入到"越位"的混乱中，永远无法快乐。

影响一生的童年

"池塘边的榕树上，知了在声声叫着夏天，操场边的秋千上，只有蝴蝶停在上面。黑板上老师的粉笔还在拼命叽叽喳喳写个不停，等待着下课，等待着放学，等待游戏的童年……"这首罗大佑的经典之作，已经成为无数学子难以忘怀的歌曲。

从这首歌诞生到今天，它已经成为陪伴无数学生校园生活的保留曲目。不管长到多少岁，每个人都能够从《童年》里找到自己的影子，清澈的池塘、茂盛的梧桐树、聒噪的知了和期待中的漫长夏天。童年代表了人生中最无忧无虑的纯真时光，也成为决定一个人性情、品格的重要时期。

中国有句老话叫"三岁看八十"。字面意思是，看一个人3岁时的样子便可以推断他80岁的模样。按照古文的习惯，这里的"三岁"和"八十"都是虚指，这句话可以理解为："看一个人小时候的样子，便可以推断他未来人生的样子"。

也就说，一个人是如何度过童年的，往往会影响他的一生。小时候便受到艺术熏陶的人，成年后可能在艺术方面有所成就；童年期在科学方面有所涉猎的人，日后不一定成为科学家，但是从事理工科行业的几率比较大。

观察身边的人就会发现，人在成年后的兴趣爱好往往来自于童年。就像有的人爱吃某一样东西一样，可能已经吃了好多年，却没有发现，这样东西正是自己小时候爱吃的。品尝美食的过程，就是回忆童年、追忆美好时光的珍贵时刻。

你还会发现，从小在海边生长的人，无论以后生活在哪里，最常吃的东西都是海产品；童年时期生活在山水之间的人，往往对各地的山水景致有特别的喜好。好像童年的乐趣藏在了大脑中某一个隐秘的角落，当相似的场景出现时，大脑就会分泌出大量的多巴胺，形成了神经回路的条件反射。

当然，童年期对人的影响还有另外一个方面，便是补偿作用。成年后喜欢吃的东西、想要做的事情，也可能是童年时想要吃、想要做，但是当时没有完成的。就像《童年》中唱到的那样："福利社里面什么都有，就是口袋里没有半毛钱，诸葛四郎和魔鬼党到底谁抢到那支宝剑？"当初的不满足、不了解成为后来拼命追寻的目标。

同理，小时候便生活快乐、和父母建立起亲密的依恋关系的人，往往更有自信，表现得天不怕、地不怕，甚少表现出自卑感。反之，亲人疏离或者从小生活在破碎的家庭环境中，则可能引发一系列的认知和人格问题。

"三岁看八十"这句话虽然流传许久，国内却从来没有专业的学者对这句话的真实性进行考证，相反，这句话引起了英国一些精神病学专家的兴趣。众所周知，英国人一向以严谨到近乎刻板的作风著称，这些精神病学专家也不例外。1980年，来自英国伦敦精神病学研究院的卡斯比教授和他的团队调查了1000名3岁的儿童，并且对这些被试进行跟踪研究。

23年后，也就是进入21世纪的第三年，卡斯比和他的团队再次找到了当年的1000名被试。当年的3岁儿童已经长大，他们或者进入了高等大学深造，或者提前开始了职业生涯，或者已经组建家庭、结婚生子。卡斯比教授重新访问了这些人以及他们的亲戚朋友，最后，卡斯比教授公布了他的调查结果。

卡斯比教授根据新的调查结果，将所有的被试分成了5种类型，其中包括充满自信型、良好适应型、沉默寡言型、自我约束型和坐立不安型。5种类型在1000人中所占的比例分别是28%、40%、8%、14%、10%。而这些人之所以会发展成不同的人格类型，和他们3岁时的表现有某种一致性。

幼童时期非常活泼、主动和小朋友玩耍、敢于争抢玩具的人，成年后也非常开朗，性格坚强，做事果断，在求学、职场和生活中都表现得很有自信，成为充满自信型。

幼童时期性格随和的人，成年后相对沉着、冷静，不容易因为环境、人事的改变而心烦意乱，属于良好适应型。

幼童时期不喜欢说话、性格内向的人，成年后依旧会继续发展这种性格，表现得沉默寡言，对周围的人和事不太关心，并且喜欢隐藏内心真实的感受，生怕个人感情受到伤害，成为沉默寡言型。

幼童时期表现出较强自制能力的人，成年后则遵纪守法，拿到信用卡账单、违章停车罚单都会惴惴不安，在第一时间缴费。因此，这样的人发展成为自我约束型。

坐立不安型的人情绪不稳定，容易烦恼和恼怒，冲动行事，幼童时期的他们则非常好动，注意力分散。

从卡斯比教授的研究中可以看出，一个人在人格方面的发展，往往具有连续性。童年期形成的人格特点会跟随到成年期，甚至一生。由此可见，"三岁看八十"这句古话还是有一定科学依据的。

当然，这个说法也不是绝对的。毕竟，影响人格发展的因素还有父母的教养、教育方式和社会环境。父母对待孩子的方式，无论是民主还是权威的，无论孩子喜欢或者反叛，都会在孩子身上留下印记。成年后，这些因素会渗透到他们的人格中。当家庭中的第三代降生，小时候的教养方式往往会在新的家庭中延续下去。

　　和童年晚期或者青春期的教育相比，年龄较小时接触到的事物，往往对将来性格、兴趣的发展有深远影响。洛克曾经用"白板说"比喻小孩子的心灵。刚出生的婴儿就像是一张白纸，后天环境在上面画上什么，他就会接受什么。即使随着年龄的增长，个人的许多观念都发生变化，从小的教育模式也会像大树生根一样，在泥土中越扎越深。

孩子为什么调皮

　　不管你是一位老师，还是一名普通学生，一定遇到过那些专门扰乱秩序、搅和老师正常讲课的孩子。有的时候，捣蛋的学生会故意用坚硬的物体划过桌面，弄出"咔咔咔"的声音来，使得老师不得不暂停教学，专门制止他的行为；有的时候，他还会在课堂进行到一半的时候偷偷溜出去，然后被老师抓回来，在众人面前被数落一顿。有的人喜欢积极地举手，却在回答问题时闹出一连串的笑话，引得全班哄堂大笑；有的人喜欢制造各种恶作剧，将原本充满严肃气氛的教室变成一个小型游乐场。

　　小杰是一名 5 年级的学生。在学校里，他一向以调皮捣蛋著称，教过他的每一位老师都曾经遭过他的"毒手"。有时候，他会在课堂上大声地唱歌，有时候，他还会偷偷跑到教室后面，用打火机点燃垃圾桶里的纸屑。他的班主任为此头疼不已，他找小杰谈过话，也跟小杰的父母沟通过，可是，小杰的举动不仅没有收敛，反而变本加厉了。

　　有一次，在手工课上，新来的老师胡明正在和同学们一起折纸鸢。突然，小杰在自己的座位上又开始唱起歌来，而且声音越来越大，已经引起了全班同学的注意。胡明一开始制止了小杰，她说："小杰，同学们都在认真地折纸鸢，你是不是也想学会折纸鸢呢？"小杰在老师的劝说下低头折了起来，可惜过了一会儿，他又开始唱起歌来。胡明老师制止了两三次后，小杰依旧采取"迂回战术"——老师劝他一句，他就安静一会儿；老师不管他，他就继续唱歌。

后来，胡明终于摸到了其中的规律，她想："或许，他这么做的目的，就是为了让同学们都看着他，让老师能够关注他一下！"于是，胡明决定满足小杰的内心需求。在小杰第四次唱起歌来时，胡明对着全班同学说："小杰今天准备了一首歌想要献给大家，我们一起来看他的表演好不好？"同学们纷纷放下了手中的折纸，认真地等待着小杰的表演。小杰怯生生地站在了讲台上，开始了他的演唱。

不一会儿，下课铃响了。胡明鼓励大家等小杰表演完再出去玩，于是所有同学都在座位上焦虑地等待着。当小杰将整首歌唱完后，大家一瞬间便轰然而散。胡明对小杰说："以后，如果你想给大家唱歌的话，就直接跟我说，我一定会给你表演的机会。"小杰听着老师的话，脸一下子红了，不好意思地说："我再也不在课堂上唱歌了。"从此以后，小杰真的再也没有在课堂上唱过歌，连故意捣乱的次数也减少了。

很多老师只看到了小杰调皮捣蛋的一面，却没有看到他做每一件事情的真正目的。按照阿德勒的观点，孩子做每一件事时都有一个"行为目的性"。儿童的大声吵闹、哭泣或者不顺从行为，都是为了吸引家长、老师或者同学的注意，小杰也是如此。他并不是老师最喜欢的学生，也不是成绩出色的学生，可是他跟所有的孩子一样，时刻都在渴望得到他人的关注。这是孩子的一种内心需要。只有得到了身边人的关注，他才会觉得受到了关怀，感到了温暖。如果家长或老师一味地用劝说、训斥的方式制止他的行为，孩子内心的需求永远不会得到满足，他大声哭闹、调皮捣蛋、扰乱秩序的行为也会一直持续下去。

陶艳艳是一个拥有全职工作的单身母亲。由于近来公司开发了一个新项目，她每天忙碌得分不开身，也没有闲暇细心地照料女儿。不得已之下，陶艳艳只能让自己的妈妈帮忙接送女儿上学。

开始的第一个星期，女儿还算乖巧听话。在姥姥家吃过饭，写完了作业，就会坐在沙发上耐心地等待妈妈接她回家。从第二个星期开始，她就开始哭闹，拒绝吃饭，还拒绝写作业。姥姥问她哪里不舒服，她一会儿说头疼，一会儿说脚疼，一会儿又说自己肚子疼。姥姥带她到医院检查后，并没有发现任何病症，最后只能打电话给艳艳，让她回来亲自解决。

艳艳只能将未完成的工作整理好备份，带回家里去做。她匆匆忙忙地赶到学校，打算和姥姥一起接女儿放学。艳艳到学校门口的时候，远远地看到女儿正在和同学交谈。看见妈妈来接她放学，她赶紧从人群中跑了出来，一把抱住了妈妈的大腿，并且用小脸在妈妈的外套上蹭来蹭去。在回家的途中，艳艳一直和姥姥说着公司的事情，女儿就在旁边，一会儿拉扯一下艳艳的衣服，一会儿把手插入艳艳的口袋，还总是打断她们的谈话。

艳艳最近被工作的事搞得手忙脚乱，忙着跟妈妈倾诉一下，根本没有在意女儿的这些行为。过了一会儿，女儿竟然在车里大声地哭了起来。艳艳问她怎么了，她就像在姥姥家时一样，一会儿说头疼，一会儿说脚疼，一会儿又说是肚子疼。姥姥说："她每天都是这个样子，医生说什么毛病都没有，可她就是哭起来没完。"

艳艳忙着开车，没有时间停下来哄她。回到家里后，女儿已经渐渐平静下来了。艳艳问女儿说："宝贝，你为什么一直哭啊，是哪里不舒服吗？"女儿无辜地看着艳艳，哽咽着说："妈妈不要我了吗？为什么你都不理我，这么多天都不来看我？我想妈妈，我想妈妈！"艳艳这才恍悟，原来女儿的哭闹都是因为自己对她的忽视，女儿一直在用哭闹的方式来引起她的注意。

揠苗助长要不得

儿童的心理是如何发展的？是自然成熟的过程，还是学习的结果呢？美国儿童心理学家格塞尔认为，成熟是其一，学习是其二，如果要选出哪个最重要，他更偏向成熟。为此，他做了一个非常著名的实验——双生子爬楼梯实验。

实验的对象是一对双生子，其中一个从48周开始进行爬楼梯训练，每天爬10分钟，连续6周。48周的孩子刚刚学会站立，仅能摇摇晃晃地走路，格塞尔每天训练这个孩子走路，中间经历了跌倒、哭闹的过程，到52周时，他能够熟练地爬上5级楼梯了。作为对照，双生子中的另一个婴儿从53周才开始进行训练，2周后，在没有成年人帮助的情况下，他就可以爬到楼梯的顶端。两个孩子都练习到54周，相当于第一个孩子练习了7周，第二个孩子才练习了2周。

大多数人一定认为，练习时间长的孩子爬楼梯的水平肯定更高。结果却出人意料，只练习了2周的孩子比练习了7周的孩子成绩好，而且好很多。前者在10秒钟内爬上了5级楼梯，后者则用了20分钟。

其实，从48周开始练习爬楼梯，时间尚早，孩子的身体和心理都没有做好准备，从53周开始练习，时间恰到好处，孩子的身体和心理已经做好了准备，结果自然事半功倍。格塞尔从实验中得出结论，儿童的心理是自然成熟的，教育并不能将成熟过程提前，当儿童心理成熟到一定程度时，教育会加快成熟过程。在未达到成熟阶段时施以教育的影响，在一段时间内会形成优势，却难以保持长久。

为了证明实验结果不是偶然现象，格塞尔换另外一对双生子进行实验，结果是一样的。后来，他做了上百次对比实验，最终得出的结果都是一样的。针对爬楼梯这项任务，从 53 周开始学习效果最佳，在短时间内就能达到令人满意的效果。

接下来，格塞尔针对不同年龄段的孩子进行试验。在识字、穿衣、使用刀叉等任务中，格塞尔得出了类似的结果。儿童在每一个阶段都有一个最佳教育期，过早、过多地干预只会影响儿童的正常发展

格塞尔的结论后来被美国人的一个实验证明。美国北卡罗来纳州做了一个实验。研究人员将 175 个孩子分成两组，实验组从 3 个月开始进行早期教育，每 15 个月测一次智商，对照组则按照一般条件进行教养。小学 4 年级之前，接受早期教育的孩子比按照一般条件教养的孩子智商高，平均高出 15 点。到了小学 4 年级，接受早期教育的孩子逐渐失去了优势，按照一般条件教养的孩子赶了上来。

从格塞尔的理论来看，那些生怕孩子输在起跑线上的父母是多么盲目而无知啊！听说人类有游泳的本能，父母就把 3 个月大的婴儿放在水里，提前教他学游泳；听到智力开发要趁早，父母就让 2 岁的孩子开始弹琴，让 3 岁的孩子摆弄键盘。他们急于求成，希望自己的孩子从小就优于同龄人，给孩子报名参加各种培训，同时学习舞蹈、钢琴、书法、算术等一系列课程，却从来没有考虑，这些学习是否和孩子的心理发展阶段相符。

孩子的成长是有其固定的时间点的，一般情况下，3 个月的婴儿能够俯卧，用手臂撑住抬头；4 ~ 6 个月学会翻身，7 ~ 8 个月学会坐、爬，1 岁左右才会站立或独立行走。一些父母心急，便用学步车教孩子走路，

试图越过爬的阶段，让孩子直接学会走路。这种跨越式的教育无异于揠苗助长。

3到6岁的幼儿处在游戏期，需要以游戏相伴，在游戏中培养心智和社会能力，心急的家长则在游戏期教孩子读书、写字、画画、弹琴、跳舞。尽管格塞尔很久之前就提出了"最佳教育期"的概念，年轻的父母还是早早地抱着孩子到早教中心报名，生怕自己的孩子被"别人家的孩子"落下，于是，"别人家的孩子"成了许多孩子童年时的梦魇。

为了迎合父母的望子成龙、望女成凤的心理，一些国际连锁的早教机构声称，他们使用的是全球同步的教材、外籍教师，可以让孩子尽早接触外语环境。接触的时间越早，孩子的语言系统越成熟。广告语乍听起来像模像样的，且不说那些传说中的外教不过是来自南非、菲律宾的老师，欧美国家的教员很少，熟悉教育心理学的人都知道，儿童语言系统发育最好的时期是3岁。孩子原本可以在发育过程中逐渐熟悉某些动作，家长将简单的练习拆分，用夸大的器械和教育引导孩子发育，除了能够为某些人创造利益，对孩子的成长并无多大益处。

的确，婴幼儿的大脑虽然不如洛克说的那样，就是一张白纸，但是他们缺少生活经验，可塑性非常强，但是这并不代表家长可以将任何知识、技能以打包的方式传授给年幼的孩子。前苏联心理学家列伊捷斯曾说过，"儿童超过自己年龄的发展对于判断其未来发展的可能性还不能提供可靠的依据，也不排除缺少早期发展，后来却发生跃进的可能性"。

每个人都希望培养出聪明的孩子，却忘了孩子就应该有孩子的样子，让孩子故作老成不可能，让成年人依旧像儿童一样天真无邪则是笑话。就像万事万物的发展一样，儿童的发展是有秩序的，如果人为地打乱了这个秩序，或许会使一些果实早熟，但它可能不饱满，也不甜美，而且很快就会坠落，腐烂。

给孩子看什么样的动画片

随着电视、电脑的普及，核心家庭的孩子又缺少玩伴，孩子的大部分时间都是待在家里和电视机相伴。对于童年期（6～12岁）的孩子来说，动画片最具吸引力。《熊出没》《海绵宝宝》《喜洋洋与灰太狼》等，既被孩子喜爱，其中的故事情节也成为小朋友间讨论最多的话题。

不过，一些心理研究显示，动画片对儿童的行为具有潜移默化的影响，有的是正面的，有的则是负面的。比如，当《奥特曼》系列动画片风靡时，心理学家发现，幼儿园中班、大班的孩子攻击性行为直线上升，特别是男孩子。

《奥特曼》每一集剧情都是打打杀杀的，破坏房屋，毁坏飞机，杀死很多人，孩子们看过后会模仿奥特曼的动作、语气，将自己想象成奥特曼，欺负弱小的孩子，并且认为欺负别人也是正义行为。他们本身没有纯粹的恶意，只是对新鲜事物充满好奇，且没有明辨是非的能力。

动画片中的暴力行为和暴力语言，不管是正义与否，孩子是无法判断的。但是暴力行为本身会向孩子传递一个信息：武力可以解决一切问题。认同这样的价值判断之后，孩子就会模仿，尤其是暴力语言，如奥特曼最常说的"受死吧"，这样的情节看多了，势必增加孩子的攻击倾向。

国产动画片《喜羊羊与灰太郎》风靡全国，然而，《喜羊羊与灰太郎》

出口到国外，却被指责剧情充满暴力因素。《喜羊羊与灰太郎》在法国遭遇了禁播，原因是，法国的研究表明，《喜羊羊与灰太郎》含有暴力成分，而且会让孩子变"傻"。

禁播的最主要原因是暴力倾向。因为喜羊羊和灰太狼之前的抓和被抓总是使用暴力手段，红太狼对灰太狼也是经常使用家庭暴力，遇到问题就用暴力方法解决，会对儿童造成潜移默化的影响，孩子会觉得，只要动用暴力，一切问题都可以解决。另外，羊村的羊们对村长不够尊重，剧情将捉弄村长的行为渲染、放大，会影响儿童的礼仪教育和与长辈的相处方式。其三，懒洋洋懒惰、贪吃，是儿童的坏榜样；其四，狼喜欢吃香蕉，羊和狼会成为好朋友，这些情节设计完全违背了生物常识。

2012年，伊朗科学家约翰·亚伯拉罕对100名东亚儿童（8～14周岁）进行了智商测试，这项测试已经有30多年的历史，平均每5年进行一次。过去30年的测试显示，东亚儿童的平均智商在缓慢增长，但是，这一次的测试结果显示，他们的智商比5年前下降了2.36。

测试对象绝大多数来自中国，亚伯拉罕相信，如此明显的下降必然和孩子接受的外界刺激有关，经过半年的走访调查，亚伯拉罕发现，这些孩子热衷于观看一部名叫《喜羊羊与灰太狼》的动画片。亚伯拉罕猜测，导致测试结果出现偏差的原因正是这部风靡的动画片。

调查过程中，亚伯拉罕给接受测试的孩子进行了脑电测试，结果让人很吃惊。在连续观看30分钟《喜羊羊与灰太狼》后，孩子们的脑电图出现了和癫痫病人一般的无序状态，2小时后，孩子们的脑电才恢复正常。亚伯拉罕担心，如果这种情况不加以改善，很可能会对孩子的智力造成更大的伤害。

弗吉尼亚大学心理学系教授安吉丽娜·利拉德在医学杂志上发表了一篇文章，称《海绵宝宝》会导致孩子在认知方面出现问题。利拉德找来了

60 个 4 岁的孩子，给他们随机分配任务，时间为 9 分钟。其中，一些孩子画画，一些孩子看慢节奏动画片，一些孩子则看快节奏动画片——《海绵宝宝》。完成任务后，利拉德对孩子们进行测试，分别从计划能力、自控能力、学习能力 3 个方面评分。结果发现，观看《海绵宝宝》的孩子在这 3 个方面都表现很差。

在自我控制测试中，所有儿童得到分配的零食，研究人员离开后，测试他们多久开始偷吃零食。结果，观看《海绵宝宝》一组的孩子自制力较低，平均坚持 2 分 30 秒，另外两组则能至少坚持 4 分钟。

利拉德分析原因后认为，《海绵宝宝》中充满了无边无际、疯狂的想法。海绵宝宝是一块神经质、经常惹麻烦的海绵，派大星则是一个智商极低、做什么事情都会搞砸的海星，大鼻子章鱼自恋且势利眼，蟹阿金则视金钱如生命，愿意为了一块钱而冒生命危险……剧中人物和剧情会让孩子产生认同想法，模仿海绵宝宝的夸张行为，觉得搞砸一件事稀松平常。利拉德还觉得《海绵宝宝》的节奏太快，会对孩子正在发育中的大脑造成影响，导致学习能力下降和自制力下降，让孩子变"笨"。

但是，利拉德的研究也遭到了质疑。比如，《海绵宝宝》的播出对象是 6 ~ 11 岁的儿童，利拉德用 4 岁的儿童做被试，显然影响研究的准确性；而且《海绵宝宝》每一集的内容是 20 分钟，让儿童看完整个节目或许有害，但是只观看 9 分钟，难以确定《海绵宝宝》会对儿童造成即时伤害。

既然孩子没有明辨是非的能力，父母就需要做好指导工作，最好选择一些情节温和的动画片，比如《托马斯和他的小火车》、《哆啦 A 梦》，或者像《猫和老鼠》这样将攻击行为做艺术化处理的。当然，带有暴力成分的动画片不是一点都不能看，但是需要父母的引导。如果看到奥特曼再一次打败了坏人时，父母需要马上告诉孩子，拳头不能解决问题，要和小朋友和睦相处。

对于患有癫痫病的儿童来说，电视、电脑、视频游戏等视觉刺激，容易诱发癫痫发作。一部分癫痫患者对荧光屏的闪光非常敏感，强烈的闪光刺激会扰乱神经中枢的正常功能。此外，荧幕画面不断变换，红绿对比、蓝黄对比强烈，画面切换较快，也容易诱发癫痫，而动画片为吸引小孩子，都会采用颜色特别鲜艳的画面。即使是对闪光不敏感的正常儿童，也不应该连续几个小时看电视、玩游戏，否则会引起烦躁、头痛，影响记忆力。

其原因在于，过于刺眼的画面明暗变化在每秒 8 次时，就会形成与脑电波相同的频率，使得生物钟受到刺激，大脑变得异常兴奋，精神进入错乱的状态，体内二氧化碳减少，氧气增加，导致癫痫发作。1993 年，英国曾经出现儿童因为电视游戏机诱发光敏感性癫痫发作而死亡的案例。

你是哪种类型的父母

美国心理学家鲍姆令德曾经对父母的教养方式和男孩个性之间的关系进行了长达10年的跟踪研究。为此，鲍姆令德做了3次实验，第一次，按照孩子的个性区分出成熟、中等成熟和不成熟3组，区别的标准包括独立、自信、自我控制、人际交往等；接下来，将父母的教养水平从"控制"、"成熟的要求"、"父母与孩子的交往"、"教养"4个维度进行评定。等孩子长到一定年龄，做一次个性评定，几年后再做第二次评定。实验结果是，成熟孩子的父母教养水平最高，不成熟孩子的父母教养水平最低。

在接下来的研究中，鲍姆令德对父母的教养方式提出了两个维度：要求和反应。按照要求的高低和反应程度，他将父母的教养方式分为4种：民主型、专制型、溺爱型、忽视型。高要求、高反应的是民主型。这类父母对孩子提出合理的要求，为孩子设定能够达到的目标，同时，他们关爱孩子，耐心地倾听孩子的诉说，用鼓励的方法激励孩子成长。高要求、低反应的是专制型，也是家庭里的暴君。他们只会对孩子提要求，却不顾及孩子的感受，如果孩子在哪些地方表现得不好，父母感觉不满意，还会非常粗暴地对待孩子。

低要求、高反应的是溺爱型的父母。这类父母对孩子没有任何要求，即使一些家长提出要求，如果孩子的脸色变了，他们会马上改变或放弃，尽可能地满足孩子所有的需求。忽视型家长是低要求、低反应。他们对孩子的成长漠不关心，既不会对孩子提出什么要求，也不会表现出对孩子的关心。

这4种类型的家长都是极端的情况，现实中，许多家长都处在中间地带，或者溺爱中带有民主、或者民主中带有专制，属于混合型。而且，随着孩子的成长和家长本身观念的变化，教养模式也有可能发生变化。

鲍姆令德指出，民主型的家长最有利于孩子成长，如今的教育也都提倡民主教养，主张父母要理解孩子、尊重孩子，越来越多的家长也学着"蹲下来和孩子说话"，"平等地对待孩子"。父母不愿意充当权威，甚至害怕权威会激发孩子的逆反心理。这时，另一个问题出现了。越来越多的家长在家中失去了地位，难以获得孩子的尊重，越来越难和孩子沟通，而在民主气氛下长大的孩子也变得更加任性。

应该说，民主教养本没有错，但是父母总是喜欢走极端。以前的父母是"家长制"，爸妈说什么就是什么，滥用权威，于是，权威就变成了专制和专横跋扈。经过民主思想熏陶的现代父母则走入了另一个极端——放任自由。

民主型的教养对孩子成长最有利，但是，这种民主绝对不是放任自由式的民主，而是在给孩子尊重、理解的同时，对孩子提出合理的要求。既要爱孩子，也要认真听取孩子的想法，对孩子要求严格，但形式民主。如此长大的孩子有较强的自信和自我控制能力，会更乐观，也更积极。

第七章
心理学润色生活

　　心理学研究表明：不同颜色的饰品、服饰、美食，甚至由不同颜色基调装修的房子，都会带给人明显不同的情绪体验。鲜明、活泼的颜色能使人心情愉快，清新的颜色有缓和紧张、镇静情绪的作用。人的视觉在适宜的颜色下，会产生愉悦心情以及滋养心气的效果，还会使人的心理困扰在不知不觉中消除释放。

为我们的心情上色

　　每个人都听过"色彩能够改变心情"这句话，在生活中也会有确切的体会。当你看到暗淡的颜色时，就会产生一种莫名其妙的失落感，原本快乐舒畅的心情，也可能瞬间烟消云散。当你看到鲜艳明亮的颜色时，整个人就会感觉特别兴奋，比如说红色。红色是一个鲜艳的颜色，夺目的色彩和明亮的色调会在一瞬间刺激人的大脑和神经，驱走原本的不愉快，让欢笑充满心灵。

　　心理学研究表明：不同颜色的饰品、服饰、美食，甚至由不同颜色基调装修的房子，都会带给人明显不同的情绪体验。鲜明、活泼的颜色能使人心情愉快，清新的颜色有缓和紧张、镇静情绪的作用。人的视觉在适宜的颜色下，会产生愉悦心情以及滋养心气的效果，还会使人的心理困扰在不知不觉中消除释放。

　　在心理学上，将色彩分为红、黄、绿、蓝4种，并称为"四原色"。通常红绿、黄蓝各作一对，称为"心理补色"。任何人都不能将白色在这4个原色中混合出来，更不能因此忽略黑色的存在，于是，红、黄、绿、蓝、白和黑，就成为心理视觉上的6种基本感觉。将色彩应用到心理学上，就会从视觉开始，然后深入知觉、记忆到情感、思维等，根据每个人的人格特点、工作性质和生活环境，都能够甄选出适合每个人的颜色，这也正是色彩顾问的工作内容。另外，色彩搭配在服饰和室内装饰方面，同样发挥着重要的作用。

张爱玲曾经说过："对于不会说话的人，衣服是一种言语，随身携带着的一种袖珍戏剧。"这既是指衣服的款式、风格，也包括衣服的颜色。一个人的服装色彩，在他人眼中会形成感官中的第一印象，对于认识一个陌生的人，以及开场的第一段话如何进行，服饰的颜色起着一个铺垫的作用。橙色的服饰会让人联想到朝阳东升，或者夕阳西下，那种云霞布满天空时，全身都会映衬出的光芒色彩，会使人充满活力而不失动感；黄色的服饰则变成了明晃晃的阳光，当一个女子身穿一袭黄色长裙走到你身边，立刻会产生阳光直射屋子的感觉，好像火炉正在慢慢靠近，心中愈加温暖；一身紫色的女子则会让人联想到神秘的故事，或者都市中独自行走的匿名人士，给人一种深奥、难测的感觉。

可以说，室内装饰所应用的色彩原理，一点都不比服装上的应用逊色。传统的家庭装修中，都会选择一般的白色作为墙面底色，再在适当的地方配以简单的颜色装饰，其实，在墙壁上大胆用色，会给房子的整体气氛带来彻底的改变。

绿色的魅力就在于它显示了大自然的灵感，能让人在紧张的生活中得以释放。竹子、莲花叶和仙人掌属于自然的绿色块；海藻、海草、苔藓般的色彩则将绿色引向灰棕色，十分含蓄；而森林的绿色则偏向深沉，给人稳定感。蔚蓝大海的清爽和广阔天空的宁静是快节奏生活中人们向往的境界。传统的蓝色常常成为装饰设计中热带风情的体现，这一色彩系列包括众多的冷色色块，比如大气层的水蓝色和海军蓝。如果家中能够辟出露天阳台或者一处小院，不妨将外墙刷成蓝白相间的颜色，再支起一张白色木制桌子，摆上几株植物，一种清雅的乡村风情就营造出来了。如果家中有一个正在成长的宝宝，可以尝试在客厅里刷上一层柠檬黄，这种颜色可以让小孩子感到更轻快，有一种充满希望的感觉。即使在天气阴沉的日子，没有阳光的照射，餐厅的氛围也能变得温暖。孩子在这样的餐厅中吃饭，胃口定会大开，身体也会健康茁壮地成长。

色彩除了在服饰和装修上大显功劳，在人们最爱的美食中，食材的颜色也是为菜肴加分的重要因素。中国菜讲究色香味俱全，而这个"色"，就像人的衣服一样，会在第一时间内将食客的眼球抓住，为口舌的品尝铺垫出赏心悦目的基调。在国外的快餐连锁店内，最常见的颜色莫过于红色，因为红色可以刺激人的食欲，让人不知不觉多吃上几口，如果连同餐厅的装饰颜色都是红色调的，结果就更不言而喻了。

餐厅如此搭配，自然有其科学道理。其实，在自然界中，颜色一般分为冷色和暖色两大类。暖色是红色和倾向于红色的黄、橙等色，它们可产生温暖、热情、活跃的感觉；冷色的范围是青色到蓝色，常使人联想到寒冷、恬静和安全。其中最能引起食欲的颜色就是从红到橙这个范围。如果你细心观察就会发现，所有食物都是以红色、橙色一类暖色作为主色调，而绿色、青色多用于汤类、甜品和配菜，这正是利用恰当的色彩能够刺激食欲、改变心情的道理。

莫扎特音乐的"奇效"

仔细想想,生活中似乎总有音乐相伴。情绪不同,所听的音乐也不一样。情绪低落,人们可能选择明快的乐曲来听;愤怒或充满敌意时,可能选择轻松的乐曲来听。不同的场合,人们选择播放的音乐也不一样。在人声鼎沸的股票交易所、证券公司,选择柔和的轻音乐;在震耳欲聋的工地,播放的是雄壮的交响乐;在办公室或者店堂,则可能选择轻松的流行乐。不过,大多数人只是听音乐而已,并没有注意到,音乐中还有治病救人的神奇因子,音乐还能对人的心理状态产生影响。

经过多年的研究和实践,科学家们发现了著名的"莫扎特效应",即莫扎特的音乐有一种神奇的力量,对人的智力、疾病和心理状态都有影响。音乐界和莫扎特齐名的音乐家有很多,比如巴赫、贝多芬、肖邦,他们的音乐成就丝毫不逊于莫扎特。为什么只有莫扎特的音乐能够产生奇特的功效呢?

莫扎特是欧洲最伟大的古典音乐家之一,也是极具天分的艺术家。在西方音乐历史中,他被公认为音乐界的旷世奇才。莫扎特英年早逝,但他创作的传世音乐,让这位天才音乐家流芳百世。他的作品,不管是协奏曲、交响曲,还是奏鸣曲、小夜曲,直到今天依然被人们喜爱,更重要的是,人们开始发现莫扎特音乐在其他领域的神奇功效,比如在心理学领域的影响力。

1993 年，加利福尼亚大学欧文分校的劳舍尔和肖进行了音乐影响学生智商的实验。邀请大学生做被试，请他们听音乐，然后测试智商，另有两组被试做对照组，一组听放松指令，一组什么都不听。实验表明，大学生在听了 10 分钟莫扎特的《D 大调双钢琴奏鸣曲》后，空间推理测试的得分明显提高，高出了八九分。

劳舍尔和肖的报告此后在《自然》杂志上发表，结果引起了社会上的轰动。望子成龙的家长都希望借助古典音乐来提高孩子的智力，原本修习古典音乐的孩子则信心满满，因为终于有人证实，他们要比其他孩子智商高。没过几年，人们开始按照劳舍尔和肖的研究成果行动起来。

1998 年，美国佐治亚州州长为每一位新生儿免费发放了古典音乐 CD 和磁带，佛罗里达州则规定公立幼儿园播放古典音乐，一时间，听古典音乐、学习古典音乐成了一种时尚。1999 年，劳舍尔将她的研究更进一步。她发现，"莫扎特效应"不仅对人有效果，对动物也有效果，她用的实验品是小白鼠。

劳舍尔每天给 30 只小白鼠听莫扎特的《D 大调双钢琴奏鸣曲》，时间持续 12 个小时，一共听了 8 个星期。结果显示，吸收了莫扎特音乐营养的小白鼠在走迷宫时更有效率。和没听音乐或待在噪音环境下的小白鼠相比，听了莫扎特音乐的小白鼠走出迷宫的速度快了 27%，错误率小于 37%。

劳舍尔这样解释其中原因，由于小白鼠大脑的海马区受到音乐的刺激，改变脑细胞联系的基因变得更活跃了，这些基因负责生成与学习、记忆有关的化学物质。最新的大脑扫描表明，人脑中有很大一片区域用来聆听音乐，大脑左半球负责节奏和音高，右半球负责音色和旋律。处理音乐的大脑皮层区域和处理空间思维能力的区域有些重合，由此可以推断，聆听音乐有助于开发空间思维。那么，小白鼠在听过莫扎特的音乐后更懂得走迷宫也无可厚非了。劳舍尔的愿望是"莫扎特效应"能够变成一种音乐疗法，对治疗阿尔茨海默症和其他神经退化疾病有所帮助。

后来，其他地区的心理学家重复了劳舍尔的实验，但是没有重现同样的结果。1999年7月，美国阿帕拉契亚州立大学的肯尼思·斯蒂尔博士按照劳舍尔的实验重做了一次，实验步骤和方法一点都没有变动，只是被试数量扩大到125人。结果，他也没有发现听莫扎特的音乐能让被试在智力上表现出色，哪怕只有短短的10分钟。

尽管没有充足的理论依据，神经医师还是尝试着将"莫扎特效应"应用到实际治疗中。首当其冲的便是法国的医生阿尔弗雷德·托马提斯。托马提斯有许多头衔，他是耳鼻喉专家、外科医师，还是心理学家、发明家，但是他最广为人知的头衔是"莫扎特博士"。

托马提斯长期研究耳朵的功能，结果发现了耳神经和声音之间的关系。高频声音，如莫扎特的《小提琴协奏曲》中常出现的声音可以为大脑充电，低频声音则会使大脑萎靡不振。由此，他提议用声音代替药物，治疗耳朵疾病。后来，他用莫扎特的音乐治疗儿童缺陷和成年人疾病，比如抑郁症。目前，波兰已经在全国范围内应用托马提斯的治疗方法，用来帮助孩子克服学习困难。

托马提斯曾记录他治疗过的一位病人杰拉德·德帕迪约，这个人后来成了法国的著名演员，人称"大鼻子情圣"。在他未摆脱口吃之前，没有人发现他的演员潜质。17岁时，德帕迪约找到了托马提斯，经过检查发现，他患上了"神经传导阻滞"——张开了嘴，却发不出声音。经过莫扎特音乐的帮助，他变得富有创造力和艺术想象力，同时表现出惊人的记忆力，后来还拍了许多电影。托马提斯的学生唐·坎贝尔将"莫扎特效应"注册成商标，并且成立了治疗中心。坎贝尔医院的每个部门都在播放莫扎特的音乐。

另有科学家宣称，经常听莫扎特的音乐有助于改善青光眼和视神经功能紊乱，对眼疾患者颇有好处。一个巴西的科学家组织做了这项研究。他们请 60 位眼疾患者参与实验，患者的年龄、性别和种族基本相同，并且之前没有做过类似的测验。按照研究人员的要求，一半患者一边听莫扎特的音乐，一边接受"自动视野研究"检测，另一半患者则在完全寂静的环境下接受"自动视野研究"检测。

所谓"自动视野研究"，是医生们评估视力状态的常用手段。研究过程中，仪器会在白色荧幕上投放白色的图案，接受测试时，患者在完全看清楚图案后发出信号。实验结果显示，相比在完全寂静环境下接受检测的患者，在莫扎特的音乐作品伴奏下接受检测的患者更快发出信号，也就是说，他们能更迅速地识别出荧幕上的图像，虽然这一效果并未持续太久。科学家们认为，这已经表明，莫扎特的音乐确实能够影响人们的感知能力，提高大脑对视觉信号的处理速度。

伊利诺斯大学的神经科专家约翰·休斯曾做过一个试验。他给患者播放莫扎特的《D 大调双钢琴奏鸣曲》，结果发现，36 名病人中有 29 人症状得到缓解。为了证明是不是只有莫扎特的音乐有这种效果，休斯用其他古典音乐做了试验，最终证明，只有莫扎特的音乐有这种神奇的效果。

休斯得出的结论是，莫扎特的音乐比较简单，总是出现重复的频率，有时候，他会让同一旋律多次出现，而且是以大脑比较喜欢的模式重复，因此能给人舒畅、安适的感觉，缓解病人的情绪，降低压力和消除焦虑。2004 年，瑞士心理学家班格特和美国斯坦福大学的希思将"莫扎特效应"当做一个典型的案例来研究，细致分析了它从诞生到演变，到影响全世界的过程。

美国著名临床神经科学家丹尼尔·阿门在一项研究中发现，聆听莫扎特的音乐对多动症儿童有所帮助。多动症儿童的 θ 脑电波会比常人多，在听了莫扎特音乐后，儿童的 θ 脑电波明显减少，而且变得更加专注，控制情绪的能力有所提高，社交技巧有所改善。

一位来自伦敦的 6 岁小男孩劳伦斯是一个发育迟缓，患有多动症和语言障碍的儿童，别人和他说话，他需要思考半个小时才能给出答案。后来，劳伦斯接受了莫扎特音乐治疗，几个疗程之后，他变得喜欢说话了，对别人的问题也能快速理解并做出回答。

有人发现，莫扎特的音乐貌似对葡萄也有效果。一位来自意大利的葡萄园主卡罗·卡格纳兹一直给自己种的葡萄听莫扎特的音乐。年轻时，他曾亲自背着手风琴在葡萄成熟的季节进入葡萄园，给葡萄演奏莫扎特的音乐。让葡萄昼夜不停地听莫扎特的音乐，葡萄不仅成熟得快，而且还能驱走寄生虫和鸟类。

不同行业、不同国家的研究者不断为"莫扎特效应"寻找支持的证据，但是争论一直存在。尽管如此，莫扎特的音乐成了胎教音乐中最受欢迎的一种。2001 年，英国音乐疗法专家约翰·简金斯教授发现，不仅仅是莫扎特的音乐，以雅尼、恩雅、班得瑞为代表的"新世纪"（NewAge）音乐和莫扎特的《D 大调双钢琴奏鸣曲》有相似的结构，同样具有治疗作用。

用计算机对音乐家的作品进行分析，简金斯发现，莫扎特的音乐和巴赫的音乐有共同点，比如都是旋律周期比较长，即同一作品中，旋律有规律地重复，但是间隔比较长。而且，莫扎特的音乐平均每20到30秒重复一次，这和脑电波的时间长度以及中枢神经系统的活动时间相一致。简金斯将莫扎特的音乐应用到治疗癫痫病之中。一位芝加哥神经外科医生的研究证实了简金斯的说法，他发现莫扎特的乐章能够减轻癫痫病患者的发病程度，降低其发病频率。

怎样赢得对方的好感

1860 年，林肯以共和党候选人的身份参加总统竞选，他的竞争对手是民主党参议员史蒂文·道格拉斯，是一个大富翁。和道格拉斯相比，林肯出身低微，身无分文，俨然一个土里土气的乡巴佬。竞选时，道格拉斯租用了一辆非常豪华的竞选列车，沿路宣传，演讲。道格拉斯得意地说："我要让林肯这个乡巴佬闻闻我的贵族气味。"

林肯没有和他拼贵气，拼钱财，而采用了相反的策略。他登上了马拉车，沿路发表演讲说："有人写信问我究竟有多少财产。我有 1 个妻子和 3 个儿子，对我来说，他们都是无价之宝；此外，还租了一间办公室，室内有办公桌 1 张，椅子 3 把，墙角还有 1 个大书架，架上的书值得每个人一读。我本人既穷又瘦，还有一张大长脸，肯定不会发福。我实在没有什么可以依靠的，唯一可依靠的就是你们。"林肯表达了"唯一的依靠就是你们"的想法，这句话让民众对他产生了"自己人"的感觉，选民们被深深打动，大力支持林肯。最终林肯胜出，当选为美国总统。

林肯利用的便是人际交往中的"自己人效应"。所谓的"自己人"，就是把对方和自己归为同一类型的人。对于"自己人"说的话，人们会更加信赖，更容易接受。对那些与自己相似的人，人们容易产生亲近感。基于"自己人效应"，如果想要别人喜欢自己，首先要让对方感觉到，你和他之间有着相同的东西。

"自己人效应"的形成来自于交往双方高度的相似性。1961 年，社会心理学家纽卡姆在一项实验中证实，在人际交往中，态度、价值观越是相似，彼此之间的吸引力也就越大。他以 17 个互不相识的大学生为研究对象，首先测定他们对社会问题的态度、价值观和个性特征，然后将相似的学生混合安排在几个宿舍里。在 16 周的交往中，研究人员定期测试他们对社会问题的态度、对室友的喜爱程度等。结果表明，在相处初期，空间距离决定了他们彼此的吸引力；到了后期，态度、价值观越相似的学生，越能够互相吸引，甚至要求住在同一间宿舍。

"自己人效应"是如何产生的呢？首先是空间距离。空间距离较近，接触的机会就多，彼此容易互生好感，地理位置上的临近也会增加人们的相似性。比如说邻居之间，不花费多少时间就能成为好朋友，生活中的很多事可以相互嘱托，大事小事相互照应。当然，与自己讨厌的人做邻居是相当痛苦的一件事，和自己无法忍受的人朝夕相处是很煎熬的，因此，这样的关系通常无法长久维持下去。

两个人初次见面时，总是会询问籍贯、学校、工作之类的问题，有时候会惊喜地发现，对方是老乡或者同行。如此一来，可以套套近乎，拉近彼此的距离。接下来的相处也更容易了。此外，人们会选择社会地位、经济实力和自己相近的人交往。

这是外在因素，内在因素也很重要。使亲密关系产生的因素或许是外在的，维系人际关系长久发展的却是个性、价值观和生活态度方面的相似。有共同爱好的人容易成为自己人。如果两个人关系良好，一方很容易接受另一方的观点、立场，甚至对对方提出的无理要求，也不太容易拒绝。同一个观点，如果是自己喜欢的人说的，接受起来比较容易，如果是自己讨厌的人说的，就会本能地抵制。因此人们常说，"都是自己人，一切好说，一切好说"。

美国的一家玻璃器皿公司放弃了零售商店的销售模式，转而采用家庭聚会的方式来销售产品。他们的促销手段是，让销售员作为主人，召集一些朋友在家里聚餐。主人为客人端茶送水，准备精美的食物，舒心畅快地聊天，期间不时地向客人们推销产品。尽管所有人都知道，主人的工作就是销售玻璃器皿，在聚会的环境下，客人和主人产生了温情和信赖，对产品也产生了好感。因此，许多人会放心地购买，当然，也有人是因为不好意思拒绝，只好选择购买。

人际交往过程中，往往是根据首先获得的信息形成对对方的印象。所以，对自己喜欢的人，一定要先表达好感，对方收到信息后，才能根据你传递的信息做出反馈，从而确定自己应该反馈出正面的信息。两心相悦的男女，总是希望尽可能多地找到彼此之间的共同点，不断证明彼此是多么完美匹配的一对儿。事实证明，共通性的确能够让亲密关系保持长久，而且相处更加愉快。

比如谈话中，发现双方喜欢同一类型的音乐、画家，同样喜欢户外运动。这时候，彼此都会感觉亲近，同时产生一种"可以分享共同看到或听到的感动"的安全感。如果在生活方式、价值观等方面找到共同点，彼此就会慢慢认定，这是能够与我共度一生的人。这些共同点会延伸至产生好感和爱情。

说话投机、兴趣爱好相似、思想行为接近的人更容易发展亲密关系，成为最好的朋友或者恋人。那么，是不是两个人一致的方面越多，相似度越高就越会产生好感呢？心理学家曾经就相似性和好感的观点展开调查。研究人员在开学初期请同学作为被试填写调查问卷，内容涉及教育、福利、文学等方面，接下来，招募另一批同学，要求被试根据调查问卷上的信息，推测当事人对事物判断的准确性。实验所用问卷就是前一次试验中的被试填写的。

被试根据问卷上的答案，推测当事人的性格。问卷上的答案可能和被试的想法很接近，于是，研究人员将相似度分为 100%、67%、50%、33% 的 4 个选项；将相似项目数分为 4、8、16 三个选项，然后让被试确定对当事人的好感度。

结果很明显，好感随着相似性的提高不断增加，不过，起决定作用的并非相似项目数，而是相似度。哪怕 16 项全部相似，但是相似度不高，好感度也不高；反过来，即使只有 4 项相似，但是每一项的相似度非常高，好感度也会随着提高。也就是说，在相似性与好感方面，相似度的"质"要比"量"更重要。

心理学家找到了一个说法用来解释相似产生亲近，即"认知平衡理论"。1958 年，海德提出了"认知平衡理论"，又称为"P-O-X 理论"。假设有一个三角形，三个角分代表 P、O、X，其中 P 和 O 代表一个人，X 代表第三者或态度对象。P、O、X 之间的关系用正号和负号为标记，三者相乘必须为正。

举个例子说明。一位女士参加联谊活动，与活动上的一位男士谈论音乐。男士喜欢摇滚乐，恰好女士也喜欢，两个人都对平克·弗洛伊德情有独钟，他们的谈话非常愉快。回到认知平衡的三角形中，女士是 P，男士是 O，摇滚乐是 X。P 喜欢 X，记号为正，O 喜欢 X，记号为正，那么，P 对 O 的感觉是什么呢？P 对 O 有好感，记号为正。如果女士喜欢摇滚乐，而男士喜欢轻音乐，结果会如何呢？P 对 X，记号为正，O 对 X，记号为负，那么，为了维持 3 个符号相乘结果为正，P 和 O 之间的关系只能为负，即两人不会产生好感。

有时候，好感的产生还会受到场所的影响。有一种说法认为，在光线比较暗的场所，约会双方看不清对方的表情，彼此容易卸下防备，产生安全感。这时，两人产生亲近的可能性要高于在光线明亮的场所。心理学家将其称之为"黑暗效应"。这也可以解释，为什么西餐厅的消费水平总是和它的照明亮度成反比。

心理学家给出的解释是，人会根据对方和外界的条件决定说出多少真心话，特别是对不太了解，但是愿意继续交往的人，人们会考虑一边隐藏自己的缺点和弱点，一边将自己好的一面展示出来，这时沟通会很难进行。昏暗的环境恰好给人们提供了心理上的安全感，让存有戒心的人畅所欲言，更多地暴露自己。

相似产生亲近，亲近产生好感，好感则会影响对他人的性格判断。认知心理学家曾经做过这样的实验，来研究对他人性格的判断和是否产生好感之间的关系。让两个人陌生人闲谈 15 分钟，从对话中判定对方的性格。对话开始前，研究人员会告诉一组人，对方对其抱有好感，告诉另外一组人，对方对其没有什么好感。结果，两组做出的性格判断相差甚远。得知对方对自己抱有好感，被试往往做出正面的评价，如"他给人感觉很轻松，很好，交谈很愉快"，反之，被试则会评价说"有点神经质，感觉一点都不好"。

和相似产生亲近相反，还有另外一个观点，即相熟产生轻蔑。亦舒曾说，如果你思念一个人，始终放不下这颗心，赶紧见一面，这样许多东西都可以重新确认。没见到时，一切都在想象中，那么美好，你崇拜他，幻想他，甚至期待和他走进婚姻的殿堂。见了面，却发现也不过如此。见了，就再也没有感觉。因此，人们常说距离产生美。不管多么亲密的人，彼此相熟、相知，对优点、缺点都了解，靠得太近，难免对缺点产生憎恶。还不如保持一段距离，以免过于相熟，彼此轻蔑。

压力损害健康

人在感到紧张时，会觉得胃部不舒服，甚至还想拉肚子。压力状态下想要拉肚子是人类进化过程中形成的条件反射，目的是将无用的大便排掉，可以轻装上阵地逃跑。更科学的解释是，交感神经兴奋使得小肠停止蠕动而大肠拼命地收缩。

偶然的紧张能够激发身体的能量，帮助人体对压力事件作出反应，经常性的紧张则会导致胃溃疡。心理学认为，生活中的应激事件会导致人的神经紧张，出现焦虑、烦躁、恐惧等负面情绪，由此引发胃酸分泌过多。胃酸分泌过多，胃黏膜变得脆弱，人就患上了胃溃疡。1942 年，一份来自流行病学的调查发现，二战期间，英国伦敦遭遇空袭，这期间，居民陷入了焦虑和恐惧之中，胃溃疡穿孔的几率明显增加。

最开始，人们发现了胃里的幽门螺旋杆菌之后，认为慢性溃疡的病因是幽门螺旋杆菌。随着心理学的发展，人们又发现了导致胃溃疡的另一个原因——压力。溃疡是压力和细菌共同作用的结果。大量的细菌会导致溃疡，同时，少量的压力和大量的细菌，或者较大的压力和少量的细菌，都可以产生溃疡。

经过多次短暂的压力，要比经历一次长期的压力更容易患上溃疡。胃里含有大量胃酸，是一种强酸溶液，胃壁之所以不会被胃酸腐蚀，是因为胃壁很厚，而且有厚厚的黏膜覆盖。人体面临压力时，胃酸分泌减少，胃壁的血液供应减少，保护性变弱，局部处在休克状态，压力消失后，胃酸突然增加，但是胃壁的保护机制没有建立，胃壁被腐蚀，部分组织坏死，造成了溃疡。如果是长时间的压力，胃酸分泌不会突然增加，胃壁不太可能被腐蚀，或者可能性很小。

1958 年，约翰·霍普金斯大学医学中心的行为生物学教授布瑞迪用猴子做实验，首次将胃溃疡和应激之间的关系变成实验研究的课题。布瑞迪选择了 8 只恒河猴，两两配对组成 4 组，两只猴子同时被绑在两个并排的椅子上，其中一只是"执行猴"，布瑞迪每天花 2 ~ 4 小时训练执行猴，实验时，在它的脚上安装电击装置，每 5 秒对其进行一次强度为 5mA（电流单位毫安）、持续时间为 0.5 秒的电击。执行猴可以通过按压杠杆回避电击。

如果执行猴每间隔 20 秒钟按一次杠杆，它将永远不会被电击，另一只猴子也会幸免于难，如果过了 20 秒钟，执行猴没有按压杠杆，执行猴会被电击，另外一只猴子也受到连累，遭受一次电击。两只猴子分别是实验组和对照组，执行猴操控着它和另一只猴子的命运，另一只猴子则无事可做，完全将自己的命运交给了执行猴。一段时间后，执行猴患上了胃溃疡，而无所事事的猴子相安无事。

还有一个类似的实验。将两只猴子关在铁笼里，其中一只猴子的四肢被捆，动弹不得，另一只猴子则可以自由活动。笼子里有一根插进来的棍子，实验时，两只猴子不断遭到电击，只要那只自由活动的猴子推一下棍子，就可以避免电击。不久，实验者发现，那只被捆绑的猴子安然无恙，那只能自由活动的猴子患上了胃溃疡。

两个实验设计相似，导致猴子患上胃溃疡的原因也很相似。其原因在于，那只被捆绑的猴子已然无法逃避，索性接受了残酷的命运，而那只能够自由活动的猴子则在不停地活动，试图避免电击的痛苦，长期处在紧张、恐惧的心理状态，导致了身体疾病的发生。

和猴子一样，人如果一直处在应激状态下，也会患上胃溃疡。根据一项为期 3 年的研究发现，经常听重型音乐的人容易内分泌失调，导致应激性疾病，和普通人相比，听重型音乐的人患上应激性疾病的几率高出了 1 倍。研究人员调查了民谣、小清新、流行朋克、旋律死亡金属等音乐现场的分贝，民谣现场的音量在 70 ~ 75 分贝，小清新大约在 75 ~ 80 分贝，流行朋克的音量可达到 85 ~ 90 分贝，旋律死亡金属的音量则达到了 110 ~ 120 分贝。历史数据证明，人类在 105 分贝的环境下会导致永久性听觉损伤。

此外，人在听重型音乐时，强大的声压会刺激下丘脑，导致精神负担过重，身体进入应激状态。这时，下丘脑会刺激脑垂体，刺激传到肾上腺，肾上腺素大量分泌，机体处在充分动员的状态，心率、血压、体温、肌肉紧张度等都发生变化，以应对紧急情况。持续的应激导致人过度兴奋，注意和知觉范围变小，言语不连贯，行为紊乱等，表现在机体上，则出现胃溃疡、胸腺退化、免疫力下降等。

在静息状态下，副交感神经的作用占主导，负责增加肠胃蠕动、消化腺分泌、大小便的排出、心跳减慢、支气管缩小等；当人处在应激状态，副交感神经的地位被交感神经取代时，人会表现出瞳孔散大，心跳加快，皮肤及内脏血管收缩，血压上升等。

如果人长期处在应激状态下，交感神经持续兴奋，势必引发身体和心理问题。人们普遍认为，人体的交感神经系统被不断刺激后会陷入崩溃。一开始，压力能够让人们对紧急事件做出快速的反应，久而久之，由于过于频繁地调控，压力系统也无法及时做出反应了，即陷入了"崩溃"状态。

美国斯坦福大学的神经学教授罗伯特·萨波尔斯基在他的著作《为什么斑马不得胃溃疡》中写道，对于地球上大多数生物来说，压力是一种对短期事件的反应，之后要么是事情结束，压力消失，要么就是不幸身亡了，而压力也会消失。当我们坐下来担忧那些令人紧张的事情时，我们的生理反应是一样的，但要是这种生理反应长期被激发，那就会极大地影响健康。

千万别生气

古代阿拉伯有一位学者，名叫阿维森纳。他曾经将一胎所生的两只羊羔放在不同的环境中，一只在草地上快快乐乐地生活，另一只羔羊的旁边则拴了一只狼。羊羔每天面对眼前的威胁，整日生活在极度惊恐的状态下，它吃不下东西，也没有心情玩乐，不久，"与狼共舞"的羊羔因为恐慌而死去。

非洲草原上有一种吸血蝙蝠，它体型很小，以吸动物的血为生，这种蝙蝠是野马的天敌。当它攻击野马时，紧紧地附在马腿上，用锋利的牙齿刺破马的皮毛，用尖尖的嘴开始吸血。受到吸血蝙蝠攻击后，野马会惊恐万分，马上开始蹦跳、狂奔，试图驱逐蝙蝠。不过，吸血蝙蝠牢牢地附在马身上，直到吃饱喝足才满意地离开，野马却常常因为暴怒和狂奔，最后在流血中死去。

动物学家分析，对于体型庞大的野马来说，吸血蝙蝠吸的血量是微不足道的，根本不可能置野马于死地。野马的死亡完全由于自身的心理原因，对于蝙蝠吸血这一环境刺激，野马产生了剧烈的情绪反应，愤怒、奔走消耗了野马的精力，最终导致了死亡。

其实，人和野马也没什么不同。人也常常遇到环境刺激，遇到不顺心的事，遇到让自己"出血"的事，如果不能宽容相待，一时情绪激动，大发脾气，很容易危害健康。那些因小事大动肝火，因别人的过失伤害自己的现象被称为"野马结局"。

中文里，"生气"一词来自中医。中医认为，人一发怒，体内就会产生向上冲的气。许多时候，生气不过是用别人的错误惩罚自己，这也是人类愚笨的行为之一。从过往的研究中可以发现，不仅人会生气，动物也会生气。动物生气时的表现形式比较直接，一生气就会打斗。在同伴中，打斗能够帮助动物调整内分泌，使身体达到最佳状态。遭遇外敌时，生气唤起了动物身体中的激素水平，使动物持续处在兴奋的状态下，生气帮助动物获得生存的机会。有时候，愤怒的情绪也可能导致负面结果，比如死亡，例证便是上文提到的"野马结局"。

对于人类来说，生气会影响睡眠、胃肠道功能和甲状腺功能。古话说"气大伤身"、"大怒伤肝"，就是这个道理。生气会破坏身体状态，影响肝脏的功能，可以说，生 10 分钟气，五脏六腑都不得安宁。恐惧、焦虑、抑郁、嫉妒等情绪都是负面的，是具有破坏性的情绪，长期处在这类负面情绪中，将导致身心疾病的发生。

现代心理学已经证明，情绪会影响人的行为、健康，甚至寿命，阿维森纳关于羔羊的实验应该是最早证明这一结论的。生理学家后来用狗做过情绪实验，测量的情绪是嫉妒。实验者将一只饥饿的狗关在笼子里，笼子外面有另外一只狗正在吃肉骨头。笼内的狗出不去，吃不到，在焦急、气愤的情绪里，这只狗产生了类似神经症的病态反应。

美国生理学家爱尔马以人为对象做过类似的实验。他收集了人们在不同情绪状态下产生的"气水"，如悲痛、悔恨、生气和心平气和。爱尔马将人悲痛时呼出的"气水"放入化验水中，沉淀为白色；悔恨时呼出的"气水"沉淀后为蛋白色；生气时呼出的"气水"沉淀为紫色；而心平气和时呼出的"气水"无杂色，清澈透明。后来，爱尔马将人生气时的"气水"

注射到小老鼠身上，以观察其反应，初期，小老鼠表现呆滞、没有食欲，几天后，小老鼠默默地死去了。

爱尔马分析，人生气 10 分钟，其耗费精力的程度不亚于参加一次 3000 米赛跑。而且，生气时的生理反应非常剧烈，分泌物比其他情绪复杂，具有更大的毒性。有人说，既然生气如此消耗能量，大可借助生气来减肥。生气 10 分钟和跑步 3000 米的外在表现很相似，都会导致血压升高、心跳加快，但是，相似的生理反应造成的结果是不同的。

长跑能够缓解血压上升和心跳加快的速度，回落的过程也是非常缓慢的。生气时，血压和心跳频率快速上升，身体不好的人很容易突发脑出血或心肌梗死。更重要的是，生气 10 分钟耗费的只是精力，不是脂肪，想减肥的人不要试图尝试这种方法，生气是有百害而无一利的。由此，爱尔马发出了"生气等于自杀"的警告。

人生气时，体内分泌出有毒物质，如果哺乳期的母亲整日带着愤怒的情绪，很有可能毒害婴儿。毕竟，婴儿的耐受能力比大人弱很多，大人或许只是感到身体不适，婴儿很可能有生命危险。现代医学已经证明，人在生气时产生的物质是儿茶酚胺，这是导致人生病或死亡的元凶之一。当婴儿喝掉母亲生气时分泌的乳汁时，会变得烦躁，莫名其妙地哭闹，腹泻，甚至死亡。关于这一点，几千年前的祖先已经积累了丰富的经验。唐代医学家孙思邈在《备急千金要方》中指出："凡乳母者，其血气为乳汁也。五情善恶，悉血气所生。其乳儿者，皆须性情和善。"

研究显示，情感失调的人，生病的危险是其他人的 2 倍。此外，人内心存有愤怒时，如生闷气的人，糟糕的情绪无法排解，身体的内分泌功能就会受到影响，随之而来的则是头晕、失眠、心烦意乱等。心理和生理的因素互相影响，往往带来恶性循环，诱发身体疾病。

美国科学家完成了一项对 2000 人的跟踪调查，时间持续了 23 年。

跟踪记录的内容包括参与者大学时期的脾气以及健康状况、步入中年之后的脾气及健康状况。结果表明，在大学时期就脾气暴躁的年轻人，步入中年后开始出现一系列健康问题，比如肥胖症、抑郁症，生活也不甚和谐。

这并不是说，脾气暴躁的年轻人注定一辈子与健康无缘。随着年龄的增长，如果能够学会控制和改变自己的性格，即使脾气暴躁、爱生气的人，也有望改善健康状况。研究人员建议，每次生气不要超过 3 分钟，让愤怒来得快，去得也快，才会对身体无害。

第八章
心理学探索自我

　　一个社会人往往具有多层次的心理成分，包括才智、情绪、价值观、个人习惯等。这些因素看似彼此毫不相干，却不是那么简单地孤立存在。在完整的人格结构中，这些因素互相联系，构成了一个固定的组合模式，在人的一生中，这种组合在不同的时间、不同的情境下能够保持行为的一致性，于是成为一个人的人格特质。

认识我的"人格"

一个社会人往往具有多层次的心理成分，包括才智、情绪、价值观、个人习惯等。这些因素看似彼此毫不相干，却不是那么简单地孤立存在。在完整的人格结构中，这些因素互相联系，构成了一个固定的组合模式，在人的一生中，这种组合在不同的时间、不同的情境下能够保持行为的一致性，于是成为一个人的人格特质。

人格通常是不轻易变化的，因此今天的你是昨天的你，也是明天的你。一个喜欢热闹、喜欢和朋友聚在一起的人，并不是突然地某一天开始喜欢这样，而是长期以来都是如此。相应地，一个安静的人突然有一天在聚会中显得兴奋而充满激情，然后又变回了拒人于千里之外的人，并不能因此认定其具有外向的人格。

世事总有变化，"江山易改，本性难移"并没错，但也不能否定人格的成长和变化。简单来说，随着年龄的增长，生活重心发生了变化，人们重点关注的生活内容也会随之变化。就拿焦虑来说，学生时代表现出来的是对考试和陌生环境的焦虑；青年期的焦虑对象则主要是工作、婚姻、未来的人生规划；到了老年阶段，对疾病、死亡的恐惧开始变成心头大事。然而，作为一个具有焦虑特质的人，一生的焦虑状态却从未发生改变。

此外，生活中的重大事件，比如离婚、重大疾病、失去亲人，或者移居国外、参与宗教团体等，都有可能改变一个人的价值观和人生观。这时候，人格的改变要比行为的变化更加深入，即使表面上没有表现出来，深层次的人格特质却在实实在在地发生变化。

另外一种人格的极端变化便是精神分裂症。有人曾经比喻过，精神分裂症患者的心理就像是一个失去指挥的管弦乐队，心理上是一个指令，行为上变成了另外一个样子。因此，患者的感觉、记忆、思维等原本保持一致的心理过程变得一片混乱，无迹可寻，也无计可施。

每个人作为世界上独一无二的存在，都有一套独特的人格系统。人格特质有许多层面，经过排列组合之后，就呈现出不同构成、不同层次的人格特点。因此，几乎每个人都有属于自己的需要、爱好、情绪和价值观。世界上没有两片完全相同的叶子，也没有两个完全相同的人。

正因为这种多样性，使得长久以来许多人格心理学家都在寻找能够全面解释人格的方法。从弗洛伊德的本我、自我、超我人格结构到卡特尔的16种人格因素，每一位著名的心理学家都会提出一个人格结构模型。虽然产生了许多人格理论，但是都非常片面，不足以全面概括人格这一复杂的心理现象。直到20世纪60年代，人格的"大五因素模型"（TheFive-FactorModel）出现，才第一次有了能够解释人格的完整框架。

"大五因素模型"共分为5个维度来分析人格，分别是责任感、外倾性、开放性、宜人性与神经质。按照英文缩写，"大五因素模型"又被称为人格的海洋——OCEAN。OCEAN的5个字母分别代表开放性（Opennesstoexperience）、责任感（Conscientiousness）、外倾性（Extraversion）、宜人性（Agreeableness）和神经质（Neuroticism）。

在开放性这一维度中，好奇、寻求变化、追求新鲜事物和富有创造性的行为用来对比循规蹈矩、顺从和不善于创造性思考等特质。具有开放性的人往往对知识、不同的艺术形式和社会的新观念表示赞赏，反之则喜欢固定的工作、生活模式，不太容易接受新鲜事物，偏爱遵循惯例生活。

责任感维度对比的是可靠、谨慎细心、自律、有能力和懒散、意志薄弱、粗心大意。具有责任感的人能够按照组织规范约束个人行为，做事可靠、有责任心，能高效地做好事情，并且令人感到满意。反之，不具有责任感的人做事效率低、自律性差、不容易克制。

外倾性用来表示爱交际或者不爱交际，喜欢娱乐还是偏爱严肃、刻板，感情丰富、热情还是含蓄、沉默、腼腆。人际互动的数量和密度较高的人属于外倾性人格，这种人健谈，面部表情、语调变化和肢体动作异常丰富，具有生命活力。反之则相对安静，不追求过多的愉悦刺激，沉默寡言、呆滞。

宜人性则用热心对冷漠、信任对怀疑、乐于助人对不合作。具有宜人性特质的个体富有同情心，容易做出利他行为，信任他人，宽容、心软、好脾气，能够为别人着想。反之，宜人性低分的个体多疑，对人刻薄，常常充满敌对情绪，愤世嫉俗，缺少同情心。

作为测定情绪稳定性的维度——神经质维度用烦恼对平静、自我满意对自怜、感情用事对感情淡漠。高分的个体常常有不切实际的想法，心理压力较大，过多的要求导致自寻烦恼、焦虑和冲动的行为。低分的个体则压抑、自我防卫，因为情绪的波动产生自责、自罪和非理性的想法。

在卡特尔 16 种人格特质理论的基础上，人格的"大五因素模型"在词汇学的假设上建立起来，并且建立起条分缕析的特质维度。如今，"大五因素模型"已经逐渐被心理学界接受，并且在德国、荷兰、菲律宾等国的研究中得到验证。

和所有的人格理论一样，从出生之日起，"大五因素模型"就开始面对来自各方的质疑和非议。由于五因素量表测量的因素来自被试的自我概念，而人的自我概念往往都是不准确的，因此，持反对意见的人主要怀疑因素分析的准确性。

应用中的问题也同样存在。涉及研究方法的重要问题便是"大五因素模型"在因素分析之后，没有得出一个明确的结论。由于五因素模型的研究来自因素分析，因此不存在通常情况下的理论假设，这就导致研究结束后，研究者无法明确地报告人格到底是什么东西。

此外，在心理学研究逐渐全球化的今天，对于采用这一模型分析人格特征的西方国家而言，"大五因素模型"每一个维度对人格特质的具体描述并不适合所有地区。也就是说，"大五因素模型"仅仅适用于西方社会，并不能"放之四海而皆准"。

备受推崇的九型人格

生活中，我们每时每刻都在和人打交道，按照时间的长短来算，打交道时间最长的那个人应该就是我们自己。然而，你对自己了解多少？对自己的人格特点又知道多少呢？在众多心理学家致力于研究人格的构成及其特点时，一个神秘的九角星图案成为众人谈论的焦点，甚至成为受到众多国际知名学府 MBA（工商管理硕士）学员推崇的课程。它就是传说中的"九型人格"。

在 21 世纪的今天，如果你没有听过"九型人格"，证明你已经 OUT（被淘汰）了。因为你错过的不仅仅是一套人格理论，而是错失了一个了解自我性格、发现自身缺陷与闪光点的重要工具。

九型人格（Enneagram），又叫做性格型态学和九种性格。Enneagram一词来源于希腊文 ennea 和 grammas，分别是"九"和"尖角"的意思，而九型人格的代表图形便是一个九角星。据说，这个"九角星图"最早起源于古代的巴比伦王国，后来被伊斯兰教的苏菲派吸收。古人认为，九角星能够揭示世界的发展过程，苏菲派则用九角星的模式来研究宇宙的变化和人的发展，后来还成为教内鉴别弟子类型的方法。可惜，这一传说如今已经无从考证。不过有资料显示，"九角星"作为几何图形和数学上的意义来源于古希腊，毕达哥拉斯和柏拉图等人曾经阐述过相关的哲学观点。

到了 1910 年，俄国人葛吉夫从苏菲派口口相传的研习系统中吸收了"九型人格"的理论，并且带回俄国，用于自己的精神修炼和教学实验。作为一个充满个人魅力和传奇经历的精神导师，葛吉夫曾经游历过许多具有古老传统的地域，比如印度、西藏和埃及，回到俄国后，他先后在莫斯科和圣彼得堡创办了修行团体，不仅教授学员一种名为 SacredDance 的神圣舞蹈，还将"九型人格"的理论运用到教学之中。

不过，葛吉夫并没有将"九型人格"作为一个独立的研究项目，而只是将九角星图运用到了舞蹈之中。在葛吉夫创办的学校里，地板上装饰的图案就是九角星，他的目的是为了让学生站在九角星上，完成各种肢体动作。正因为如此，葛吉夫虽然大量地运用了"九型人格"的思想，却没有进行任何文字性的研究。

此后的半个世纪，"九型人格"一直在葛吉夫开创的舞蹈教学中秘密地流传，直到 20 世纪 60 年代，出生在玻利维亚的奥斯卡·依察诺在智利创办了一个灵性心理训练课程——艾瑞卡学院，并将许多"九型人格"论的智慧纳入其中。

到了 70 年代，美国的艾瑞卡学院成立，许多知名的心理学家成为奥斯卡·依察诺的学生。这些人在参加完课程后，开始撰写论文谈论奥斯卡·依察诺的思想和训练效果。通过这些论文，尚未发展成熟的"九型人格"论传遍了美国高等教育界，引发许多人去了解、辨识和讨论。从此以后，研究"九型人格"的人越来越多，在古老的传统理论中，后人也开始加入一些当代元素，将"九型人格"的系统变得越来越丰富。

1993 年，"九型人格"成为斯坦福大学商学院的正式课程，在美国社会获得正式认可。如今，不仅梵蒂冈的教廷开始研究这个古人的智慧结晶，美国的 FBI 也用它分析人的行为模式。在普罗大众之间，"九型人格"成为令无数人着迷的人格解码，也成为职业经理人培训和管理的重要课程。

美国亚历山大·托马斯和斯特拉·切斯在1977年出版的《气质和发展》一书中曾经提到："我们可以在出生后第二至第三个月的婴儿身上辨认出9种不同的气质，它们是活跃程度、规律性、主动性、适应性、感兴趣的范围、反应的强度、心景的素质、分心程度、专注力范围／持久性。"后来，戴维·丹尼尔斯则发现，婴儿的这9种不同气质刚好和"九型人格"相配。

既然"九型人格"如此神奇，那么，"九型人格"中到底包含什么样的内容呢？"九型人格"，顾名思义，就是包含9种类型的人格，它们分别是第一型完美主义者；第二型给予者；第三型实干者；第四型悲情浪漫者；第五型观察者；第六型怀疑论者；第七型享乐主义者；第八型保护者；第九型调停者。

第一型完美主义者对自己和他人都有非常高的要求，他们自觉比他人强，常常为了保持完美而担心犯错，做事犹豫不决、拖延行动。

第二型给予者则属于乐于助人型，渴望获得他人的认同，在帮助他人的过程中获得被爱和被需要的感觉。

第三型实干者是非常务实的类型，乐于竞争、追求卓越，希望通过实干、自我提升来获得相应的社会成就，但也常常将自己和工作混为一谈。第三型人比较容易成为领导或者优秀的组织者。

第四型悲情浪漫者比较自我，常有不切实际的幻想，忧郁、敏感、具有艺术家的颓废气质。热衷于生活中美好的事情，但也常常因为过于理想化而在实际生活中受挫。

第五型观察者比较注重保护自己的隐私，在情感上和他人保持距离，面对别人的生活，持不介入的态度，不愿意接触人，也不喜欢体验他人的感情。

第六型怀疑论者，用怀疑的眼光看待一切，害怕受到伤害和攻击。这种态度往往产生两种结果，一是为了保护自己选择屈服，二是直面恐惧，用行动化解焦虑。

第七型是享乐主义者。这一型人比较像不愿长大的彼得·潘，迷恋年少时光，渴望永远年轻。因此第七型人爱好冒险，喜欢美食，追求愉快体验，渴望情绪一直处在高潮状态。

第八型保护者往往具有领导能力，愿意保护朋友，主动负责、喜欢挑战。但是常常无法控制情绪，沉溺在熬夜、暴饮暴食等过度放纵的生活中。即使成为领导，也常常是"孤胆英雄"。

第九型调停者是最容易放弃自己想法，接受别人观点的人。自己的感受不太确定，又总是对他人的需求敏感，因此，常常了解他人比了解自己还多，容易成为优秀的顾问或者调解员。

除了每种类型既定的人格特点之外，在九角星的箭头的另一端，还存在不健康和病态的方向。一旦遇到挫折或者被负面情绪干扰，每一种基本人格就容易走向另一个方面。比如第一型完美主义者，一旦遇到打击和失败，就会暴露出第四型悲情浪漫者的特点。

由于9种类型按照顺时针依次排列，因此第一型的顺时针方向便是第二型，逆时针方向便是第九型。作为第一型的两位邻居，第二型和第九型便成为第一型的"侧翼性格"。侧翼性格并不全然伴随基本性格，当人生得意时，基本性格会拥有顺时针侧翼性格的优点，反之则会拥有逆时针侧翼性格的缺点。

拿第一型来说，当完美主义者开心快乐、积极乐观时，还会表现出第二型喜欢与人交往、乐于帮助他人的特点。当完美主义者悲观伤感、消极受挫时，则会表现出第九型不知道自己想要什么、缺乏个人主见、优柔寡断的缺点。

人格测试可信吗

人格是由多方面因素构成的，其中包括遗传、社会文化、家庭环境和后天的学习等。虽然中国有句古话叫"江山易改，本性难移"，人格却不是如此稳固，在人的一生中都一成不变的。童年期因为环境压抑导致的内向、自卑的性格，也可能因为后来的得志转为自信而外向，这样的例子在生活中屡见不鲜。

即使人们都了解人格主要由哪些因素构成，想要具体地了解一个人仍然需要花费漫长的时间和精力。势必要与其共同经历过生活的点滴，才能在诸多细节中摸清一个人的脾气秉性，看到他最真实的一面。这一点，对于用人单位或者招生的学校来说，无疑是一项巨大的考验。

在以往的人事录用或者甄选过程中，往往需要一个人来评价另外一个人。这就要求甄选者降低个人的主观意识，一切从客观条件出发。对于每一个富有情感的人来说，这无疑是强人所难。相反，人格测验直接利用被测试者和测试量表之间的"刺激－反应"关系，消除了人事甄选过程中的主观因素，同时也避免了人为参与的作用，保证了更大程度的公平。当然，这也要求测评所采用的工具是准确的、公平的。

为此，心理学家在研究、分析人格构成的同时，还致力于开发测试人格的方法，试图通过规范的方式来了解一个人的性格。如今，想要应征入伍的人，必须做一套包含 300 多项测试题的人格问卷；心理咨询师在考试前，需要完成 500 多道人格测试题；应聘工作，在没见到人力资源部门工作人员时，首先要通过心理专家那一关；即使去婚介所找对象，也需要经过一系列的人格测试，才能顺利登记，获得会员资格。

可见，心理测试已经从原本专业的心理研究领域应用到了社会的各个方面，尤其是在互联网如此发达的今天，网络上更是充斥着各种各样的人格测试问卷。在搜索引擎中键入"人格测试"这一关键词，竟然能够找出 900 多万个相关网页，可见人格测试的受欢迎程度。

西方研究人格测试已经有一段历史了，也开发出多种测试人格的方法。在众多的测试问卷中，主要有两种类型，一是自陈式测验，一是投射测验。所谓"自陈式"，顾名思义，就是由被测试者来描述自己的人格。这一测试的假设是，世界上最了解你的人就是你自己。因此，诸如明尼苏达多相人格测验（MMPI）、卡特尔 16 种人格因素测验（16PF）和艾森克人格问卷（EPQ），都是由被测试者完成问卷中的问题，然后由测试者根据答案推断其人格特点。

投射测验则另辟蹊径，和自陈式测验有许多不同之处。投射测验的假设是，根据人们对环境刺激的反应可以推断出一个人的个性特征。于是，所有的投射测验都选用图片、言语和物品刺激等，比如罗夏墨迹测验选用的是模糊的图形，主题统觉测验选用的是各种场景图片。

心理励志大师皮克·菲尔曾经在奥普拉·温弗瑞的脱口秀节目中进行过一项属于自陈式测验的"菲儿人格测试"。测试的原则和其他自陈式量表一样——根据问题描述，选择第一印象的答案，最后根据各项所得综合计分，判断一个人是内向的悲观者，还是缺乏信心的挑剔者，或者是追求平衡的中道者。

在简单的 10 个题目中，我们可以看出心理学家判断人格特质的基本原则。"菲儿人格测验"中有一道这样的题目："你走路时是？"选项为"大步地快走"、"小步地快走"、"不快、仰着头面对着世界"、"不快、低着头"和"很慢"。这5个选项的计分分别为6分、4分、7分、2分、1分。从分析结果中可以看到，总分最高的人格类型是"傲慢的孤独者"，得分在60分以上，而傲慢的孤独者在走路时，一定是速度不快，仰着头面对世界的。

此外，作为计分最低的选项，"很慢"一定是"内向的悲观者"。"菲儿人格测试"中的其他类型，则根据所有选项在每一种人格类型中所占的权重，分别落在了不同的得分区域中。

反过来也可以推论，在这5个选项中，"很慢"就是用来表现内向、悲观的人格特质，"不快，仰着头面对着世界"则用来表现傲慢、孤独的人格特质。在其他的题目中，这一原则同样适用。比如"临入睡的前几分钟，你在床上的姿势是？"在5个选项中，"仰躺，伸直"、"俯躺，伸直"、"侧躺，微蜷"、"头睡在一只手臂上"和"被子盖过头"的计分分别为7分、6分、4分、2分、1分。

当然，"菲儿人格测试"的权威性远远不如经过多年修订的人格测试量表，比如明尼苏达多相人格测验（MMPI）和艾森克人格问卷（EPQ）。毕竟，一个能够普遍适用的量表不仅仅需要通过针对性的题目测评被测试者的心理素质、心理健康水平或者心理障碍的程度，还需要甄别出被测试者说谎、伪装或者不愿意合作的行为。

心理测验的方法能否准确地甄选出合适的人才，这一问题一直困扰着人力资源部门和求职者。然而，和这些尚需要讨论准确性的专业测验相比，诸如星座、占卜、笔迹学之类的人格测试方法则完全没有准确性可言。

前面我们提到过"巴纳姆效应"，说的便是"人们常常认为一种笼统的、一般性的人格描述十分准确地揭示了自己的特点"。比如星座测试对水瓶座的人有这样的描述：向往自由，不愿忍受约束，追求人世间美好的情谊。试想，将这句话放在任何一个人身上，被测试者都会大呼"真准"——这明明就是每个人都在向往的人格特点嘛！

为了通过实验驳斥星座、占卜、笔迹学这些"非常准"的人格测试，福勒在 1948 年对他的学生进行了测试。结束后，福勒要求学生对测试结果和本身的契合度进行评估，0 分最低，5 分最高，结果，学生们的平均分数是 4.26，契合度非常之高。

有趣的是，福勒给每一个学生的个人分析都是相同的："你祈求受到他人喜爱却对自己吹毛求疵。虽然人格有些缺陷，大体而言你都有办法弥补……看似强硬、严格自律的外在掩盖着不安与忧虑的内心……有些时候你外向、亲和、充满社会性，有些时候你却内向、谨慎而沉默……"这一评价是福勒综合了星座中描述的内容，自行编造出来的测试结果。

在另外一项研究中，研究者采用的是明尼苏达多项人格问卷（MMPI）。研究者先给学生一份真实的人格评估，再给学生一份言辞模糊、泛泛而谈的评估。要求学生报告哪一份评估更切合自身，结果，有 59% 的学生相信那份假的评估报告。

如果你曾经深深地着迷于星座或者占卜术，不妨将所有的答案都当做是描述自己的人格特点来读一遍。在十二星座的描述中，你一定会发现，当你看双子座的描述时，你就变成了典型的双子座；当你看水瓶座的描述时，你就变成了典型的水瓶座。没有一个绝对准确的描述，也没有一个绝对不符合的描述，而这，正是伪科学得以存在的根基。

我膨胀，我迷失

进入青春期，少男少女的心理和身体每天都经历着"疾风怒涛"般的变化。在周围的大人尚未觉知这些变化之前，青少年已经开始因为过度关注自身而变得敏感。类似于"我是谁"这样的问题，几乎成为每一个青少年头脑中思考的问题，也是令所有人迷惑的地方。

孩子是家庭和社会的希望所在。大人往往只看到孩子身体长高、头脑变得聪慧、充满青春活力的一面，而常常不自觉地忽略孩子的内心世界。因此，当青少年遇到了成长中的问题，比如逃学、追星、穿着奇装异服、吸烟甚至吸毒，成为社会所不承认或者不愿意接纳的角色时，大人往往首先感到沮丧，而忽略了行为背后的心理因素。

在上一节中，我们提到自我概念的建立。自我概念的建立帮助一个人从童年期开始渐渐地认识自我，找到真正代表自身的人格特质。这一过程到了青少年期变得尤为重要，所有渴望成长的孩子都必须认真思考，动用短暂的人生经历中积累的所有关于自己和周围环境的认知，建立一个对自我的基本评价。

在众多的尝试和选择之后，青少年会形成自我概念，同时按照这个概念形成某一种生活策略。这一生活策略往往是固定的、不会轻易变动的，可能在未来几年、十几年的生活里决定着一个人的行为。因此，一旦青少年达到了这一程度，就意味着他们获得了自我同一性，形成了打上一系列固定标签的统一人格。

在这个人格框架中，既包括青少年的需要、情感、能力，也包括他的目标、人生观和价值观。在学习、生活中，自我同一性证明了一个人的身份，它不仅仅是一个人独具风格的自我，还是将过去生活、当前状态和未来计划联系在一起的纽带。试想，如果一个人的理想和价值观念都是含糊不清的，又如何能够对未来的发展作出思考和判断呢？

在整个青少年期，大概从 12 岁到 20 岁之间，成长的核心问题便是同一性的发展。在一个人从童年过渡到青年期的这几年间，青少年开始脱离曾经充满梦幻和童话故事的童年世界，试着思考一些人生的大问题。因此，"自我同一性和角色混乱"也非常容易在这一阶段出现。

作为著名的精神病医师和新精神分析学派的代表人物，埃里克森系统地研究了青少年人格发展的课题。他将人的自我意识发展分成了 8 个阶段，从生到死，每一个阶段都有专属的任务，也会在各个年龄段遇到不同的问题。埃里克森认为，这 8 个阶段的顺序是由遗传决定的，但是，一个人能否在成长中顺利地度过每一个阶段，则由环境决定。

一旦某一个阶段的发展出现问题，比如自我同一性的建立出现问题，或者在某一个年龄段出现了教育的缺失，都可能给一个人的成长造成障碍。可以说，一个有心理疾病的人，或者是心理品质存在问题的人，必定是在人格发展的某一个年龄段遇到了障碍。这一障碍便成为人格无法完善的症结。

在青春期，出现同一性混乱的青少年，往往怀疑自我认识的正确性，一旦从他人那里得到了不一样的讯息，就会重新定义自己的思想、情感和行为；在努力工作与获得成就，懒散、怠惰与遭遇失败这种因果关系上往往看不清楚，因此导致做事情马马虎虎，容易误入歧途。如果在性别问题上出现角色混乱，认识不到男性与女性之间的相似和差异，则可能发展为同性恋或者性别倒错。

此外，如果年轻人无法顺利建立自我同一性，或者遵从他人的意见，让别人来替自己作决定，或者回避问题、拖延决定，往往无法在社会环境中确立生活的角色，也就是无法发现真实的自己，容易迷失自我。不知道自己到底是什么样的人，也不知道自己将来会成为什么样的人，一旦陷入消极状态，则可能背离社会标准，变成不融于社会规范甚至反社会的人。

为此，埃里克森曾经深入研究自我同一性发展中可能出现的糟糕情况，他列举了两种极端的情况，一是自我同一性过剩，一是同一性的缺乏。自我同一性过剩的青少年，往往很容易对某一种文化或者某一团体产生超出理性的热情，埃里克森称他们为"狂热主义"。

理想主义和对世界非黑即白的认知，让青少年非常容易固执地坚持自己的信念，甚至将自己的想法强加在别人的身上，形成自我膨胀的意识。在团体文化的熏染下，更容易坚决地排斥他人的想法，相信自己的态度、思想和行为是唯一正确的。正因如此，青少年的热情往往很容易被煽动，甚至成为社会事件的牺牲品。

同一性的缺乏指的是一个人拒绝承担社会角色。在宗教组织、复仇组织和吸毒组织中，这种同一性的缺乏尤为明显。青少年将个性掩藏在群体之中，否定自身的需要，放弃原本的社会规范，彻底成为团体的组成部分，迷失了自我。一旦这些团体涉及反社会的行为，比如暴力、威胁、攻击，他们的人生将随着自我同一性的丧失而走入另外一个境地。

实际上，即使自我同一性能够顺利发展的青少年，在放弃了童年时期的价值体系，重建新的价值体系的过程中，也要经历一段敏感的、情绪化的和叛逆的阶段。由于过度关注自我，许多人往往无暇顾及别人，甚至变得以自我为中心，不能主动去理解别人。

对于那些行为上非常内敛、表情平静、没有过多情绪化举动的人来说，往往心理上的挣扎比任何人都要强烈。就像一位作家曾经形容的一样："内心其实早已经兵荒马乱了，但是在别人看来，你只是比平时安静了些。这个是属于你自己的战争，你注定单枪匹马！"

"我正常吗？"

心理学上认为，人的心理发展要和社会生活的发展相一致，反之，偏离正常人心理活动的心理和行为就会被看做是不正常、异常。这是一个带有严重社会学色彩的概念，同时也是一个相对性比较强的概念。

心理学家会从 3 个方面来判断一个人的心理正常与否：一个人的主观世界和客观世界是否统一；内在的心理活动是否一致；人格是否稳定。如果一个人在这 3 个方面或者其中一个方面出现异常的现象，都可能被看做是心理上的不正常。

不管是什么样的人，不管在何种社会背景下生活，一个人的内心世界都是对客观现实的反映，也就是说，人的心理是在环境的刺激下产生的，必然在形式上以及内容上和外在环境保持一致。假如一个人总是能够看到世界上不存在的东西，听到环境中不存在的声音，那不是很奇怪的事情吗？

于是，当一个人听到或者看到客观世界中不存在的刺激物时，便可能被认定为精神活动不正常，幻听、幻视的内容也随之成为心理诊断和治疗的重要依据。此外，如果一个人的逻辑思维脱离现实，不能按照客观事物的存在规律来思考问题，便会出现妄想症状。妄想也是心理医生观察和评价一个人心理正常与否的关键。至于心理医生能够在幻觉和妄想中看到一个人奇特的想象力和创造力，那就是后话了。

在心理学的分类上，心理活动被分为认知、情感和意志三部分，这三者是一个完整的统一体，每个分支之间都有联系。而且，当面对同一外在刺激时，知、情、意这 3 个方面的表现基本上是一致的。

比如，一个人中了 500 万的大奖，会在心中认定这是一件令人愉快的事，随即产生相应的愉快情绪和行为，像是手舞足蹈、高声喊叫，向朋友诉说自己幸运的经历等。反之，如果一个中了 500 万大奖的人觉得自己倒了大霉，不但不感到高兴，反而觉得痛苦万分，这样的情绪和行为表现就会被认定为不正常。

在前述 3 个判断原则中，人格稳定是一个非常重要的标准。一个人的人格特征一旦形成，在未来几十年的时间里都不会发生大的变化。除非遇到了重大的外在变革，否则，心直口快的人一辈子都是心直口快，心思缜密的人在大多数情况下不会出现重大的纰漏。

正因为人格的稳定性，心理学家才从人格特征的变化上来判断一个人是否从正常走向了异常。比如，一个生平节俭、从来不会大手大脚花钱的人突然出手阔绰、挥金如土，或者一个内向害羞的人突然变得热情奔放，能够对着陌生人侃侃而谈，即使不是专业的心理医生，住在对门的邻居也要怀疑他是否不正常了。

结合这 3 个方面的原则，心理医生就可以根据个人经验、统计学的标准、医学标准和社会适应性的标准来判断一个人是否正常了。一般情况下，做心理咨询、心理治疗的人都会凭借个人的临床经验来判断一个人是否有心理障碍，或者心理活动是否正常。

当然，这一判断方法就要求心理医生最好像老中医一样，阅人无数，积累了几十年的临床经验。否则的话，过于主观的判断可能会影响诊断的结果——尤其是在表现微妙，无法通过短暂的咨询、测试轻易判别的情形下。

统计学的标准是最接近于科学方法的判断。一般情况下，人群的心理特征是呈正态分布的，因此，对人群的心理测量结果也是正态分布的。处在平均数正负两个标准差之间的人数占据人群的95%，这一范围内的所有个体都会被看做是正常的，处在两端的个体则被看做是不正常的。

当然，科学的统计毕竟是生硬刻板的。大规模的心理测量能够得知总体的和当前的信息，却忽略了人与人之间的个体差异。此外，如果根据当前的结果追踪下去，个体可能在环境变化中从正常走向不正常，或者从不正常走向正常。这是不可控的变量，也是心理测量无法确定的方面。

医学标准更多地依赖于心理问题引起的器质性病变。通俗来说，一个长期抑郁的人，必然引起内脏器官和大脑特定部位的变化。医学诊断便是从身体上的变化，反过来推论心理上的异常。

现代医学已经可以全面地检查一个人的身体，即使大脑的复杂变化，也可以通过仪器检测。可惜的是，许多不正常的心理尚且没有发展到心理疾病的地步，大脑和身体其他部分并没有发生病变，于是，再先进的科学仪器也成了摆设。

社会适应性标准和根据个人经验判断同样具有主观性，在某种程度上，大多数人的主观性比个人的主观性可靠一些。社会适应标准主要看一个人的心理和行为是否违反了社会公认的道德规范。在常人看来，出现在公共场合时需衣冠整洁，不能做出异于常人的行为，此时，如果一个成年人在众人面前赤身裸体，就会被认为是不相适宜甚至不正常的。

当然，社会大众的标准本身就是一个非常模糊的概念，于是，心理测量学家采用了社会常模的方法，来确定什么是正常的行为，什么是不正常的行为。如同测量血压一样，人们之所以能够从一个数字中读出自己的血压水平，就是因为有一个常模的标准存在。心理上的社会常模就是通过对特定人群的测量，从而找到社会标准中普遍认可的规范所在。

不过，社会大众的标准也有一定的局限性。在不同的地区、时代和民族中，同一社会行为可能变化出几种不同的结果。比如同性恋，有的地方认为是这纯粹的个人生活方式，得到了社会认可并且受到法律保护；有的地方则认为是变态的行为，同性恋者在社会生活中备受歧视，官方甚至在法律条文中将其明确规定为"不合法"。在时间的纵向研究上，同一问题在同一地区的观点也会随着时间发生变化。

从这些标准来看，一个人的正常与否往往是根据大多数人的判断而定的。按照既成的社会道德标准和习惯，大多数人认为正常的心理和行为，就会变成正常的标准，反之则变成不正常。传统社会会将时代的开拓者看作是心理不正常的人，普遍平庸的时代也会将富有艺术创造性的天才看做异数。于是，当世界上大多数人都陷入疯狂的时候，为数不多的几个清醒者就成了疯子眼里的神经病。幸运的是，真理总是掌握在少数人手里。

重新认识自卑

你是否害羞，不敢在别人面前大声讲话、直白地表达自己的意见？

你是否喜欢和别人比较，当自己比不上别人时，内心感到非常不舒服？

你是否对于那些有成就的同事、朋友甚至同行心存嫉妒？

在面对别人的批评时，你是否本能地想要为自己辩护，甚至讨厌那些批评自己的人？

面对这些问题，如果一个人全部选"否"，他要么是对自己的认识不够，要么是圣人。如果有一个问题答案为"是"的话，这个人虽然有些自卑感，但属于正常心理。如果全部都选择"是"，你可能要为心理上的自卑感多花些心思了。

当然，这样的测试是完全没有科学依据可言的。即使没有这样的测试，甚至也没有专业化的自卑感测试，自卑的存在也是毋庸置疑的。心理学家阿德勒就曾说过，人或多或少都是自卑的，这种感觉会在一个人面对他无法应付的问题时出现。当他说"我无法解决这个问题"时，自卑的情绪便出现了。

什么是自卑呢？心理学上将其定义为"一种不能自助和软弱的复杂情感"。通俗地说，自卑就是自我评价过低，轻视自己，认为自己赶不上别人。怀疑自身价值的心理，严重的话往往发展成为一种人格上的缺陷和失去理性的行为状态。

在外在行为上，自卑者常常采用消极的心理防御机制，比如嫉妒、猜疑、孤僻、自欺欺人等。自卑者内心十分敏感，无法接受他人的批评，甚至经不起任何刺激。自卑情结来自身体上的缺陷、家庭背景和出身，更多来自自己的错误认知。

阿德勒认为，一个人在5岁之前，其生活经验已经决定了他成年后解释自身遭遇和回应的方式，对于"对这个世界和自己应该期待些什么"有了基本的答案。不管儿童有无器官上的缺陷，自卑感都是一个客观存在的事实。自卑并不是一件坏事，实际上，只要作为人，就无法避免地要感受自卑。

首要的原因便是儿童弱小的身体和必须依赖成人生活的经历。人的整个童年时期，一举一动都受制于成年人，这种被动的生存模式造就了儿童的紧张状态。当儿童长大成人，能够采取行动改变自身的紧张状态时，便会通过不同的方式摆脱这种状态。

没有人能够长久地忍受自卑的感觉，即使一个人没有能力通过勇敢地面对生活来获得优越感，他也会通过麻醉和欺骗的方式，让自己摆脱自卑。当然，这样做非但无法克服自卑，还会导致自卑感越积越多，进而发展为一种病态。

阿德勒曾经在书中讲述过一个奥地利患者的病例，这位患者通过心理暗示来摆脱自卑带来的紧张感，最后非但没有克服自卑，还进了精神病院。患者在家中排行最小，因此在童年期，他的体能和智力都比不上哥哥姐姐，为了躲避批评，他有时会抄袭哥哥的作业。

有一天，他向父亲坦白了自己的抄袭行为，并且表示这样的行为让他感到非常内疚。没想到，父亲没有因为抄袭而责罚他，反而因为诚实的品质表扬了他。从此以后，他如同获得拯救一般，在道德上找到了超过哥哥姐姐的品质，这一道德品质为他赢得了在家族中的优越感。即使这种优越感存在虚无的成分。

长此以往，他在内心形成了这样一种异常的心理模式。虽然他体能较差，成绩也不是太好，但他坚信，自己在道德层面上比任何人都优越。所以他不需要锻炼身体，也不需要努力学习，只要在道德上继续保持这种优越感，就可以战胜因为其他方面的不足而带来的自卑感。

成年后，这位患者不但身体瘦小，而且一事无成，不过，他找到了另外一种获得他人尊重和爱戴的方法——虔诚地忏悔。做礼拜时，他会当着众人的面坦白内心的罪过，事无巨细地列举他曾经愧对上帝之处，他的这一行为赢得了众多教友的钦佩——甚少有人能够赤裸裸地揭露自身的丑陋。

然而，这种道德上的优势并没有帮助他真正克服内心的自卑感。在职业、家庭和人际关系上屡屡受挫之后，他不得不完全依靠宗教信仰来获得虚妄的道德优势。最终，他患上了精神疾病，精神病院成为他最终的归宿。

一项针对精神病患者的调查显示，有上百位精神病患者存在严重的自卑感。这种自卑导致他们不能接纳自己，过分恐惧，无法信赖他人。人越自卑，就越是无法接纳自己，生活也会变得越来越不快乐。许多极度自卑者最终无法控制内心的变化，成为精神世界的殉葬品。

另外一种相对极端的摆脱自卑感的方式便是自杀。事实上，每一个内心存在自卑感的人，都在设法改变自身所处的位置来追求卓越、摆脱自卑。消除自卑最好的方法便是建立优越感，以此来摆脱自卑带来的心理弱势，而建立优越感最直接、最实际而且最完美的方式便是改进环境。

可是，当一个人在面临困境、感到彻底的绝望时，往往选择最终极的方式——自杀，来争取优越感。每一个选择自杀的人都试图将死亡的罪责推给某一个人，这个人可能伤害过他，或背叛过他，不管怎样，自杀者通过毁灭自我实现了道德上的超越。

理智地看，如果那些神经质、过度自责和通过肉体关系获得优越感的人，能够将兴趣转移到对社会有意义的目标上去，或许能够获得更彻底的解脱。回想整个人类社会的发展，无不是在自卑的基础上建立起来的。因为人类想要摆脱无知的、愚昧的状态，才会创造出人类文明。对于单独的个体来说，将追求优越感的目标通过赋予生活更多意义的方式表现出来，自卑就会成为对人类文化做出贡献的源泉。